高等职业教育自动化类专业系列教材

现代电气控制创新实例

主　编　焦安红　许　鑫
副主编　龙　飞　陈　萌

北京理工大学出版社
BEIJING INSTITUTE OF TECHNOLOGY PRESS

图书在版编目（CIP）数据

现代电气控制创新实例／焦安红，许鑫主编. -- 北京：北京理工大学出版社，2024.4（2025.1 重印）

ISBN 978 - 7 - 5763 - 3907 - 9

Ⅰ. ①现… Ⅱ. ①焦… ②许… Ⅲ. ①电气控制 - 教材 Ⅳ. ①TM921. 5

中国国家版本馆 CIP 数据核字（2024）第 089496 号

责任编辑：张鑫星　　**文案编辑**：张鑫星
责任校对：周瑞红　　**责任印制**：施胜娟

出版发行／北京理工大学出版社有限责任公司
社　　址／北京市丰台区四合庄路 6 号
邮　　编／100070
电　　话／（010）68914026（教材售后服务热线）
　　　　　　（010）63726648（课件资源服务热线）
网　　址／http://www.bitpress.com.cn

版 印 次／2025 年 1 月第 1 版第 2 次印刷
印　　刷／三河市天利华印刷装订有限公司
开　　本／787 mm×1092 mm　1/16
印　　张／10.75
字　　数／242 千字
定　　价／35.00 元

前言

我国工业发展自改革开放以来取得了巨大的进步和成就。特别是进入 21 世纪以来，中国工业以年均 10% 以上的速度高速增长，规模实力大幅跃升，产业体系日益完善，总体实力和国际影响力显著增强。时至今日，我国已经成为全球制造业第一大国，拥有完整的工业体系和较强的产业配套能力。一些重要产业和关键领域的生产能力已跃居世界前列，如钢铁、汽车、电子等。可以预见，中国工业发展将继续坚持创新驱动、绿色发展、开放合作的理念，推动工业经济高质量发展，加快建设现代化工业体系，为实现中华民族伟大复兴的中国梦做出更大贡献。同时，我们也必然面对一些挑战，如环境污染、资源短缺等，要求推动工业向更加可持续、智能化、服务型方向发展。实现这些伟大构想的关键是创新型人才的培养。

对于工科电类专业学生经常有三个困惑：第一，对于未来，到底该干什么？能干什么？第二，对于现在，二十余门专业课哪门重要？关联度又如何？第三，对于过去，大学之前所学课程似乎数学最重要，可是到底有何用？怎么用？

学科困惑

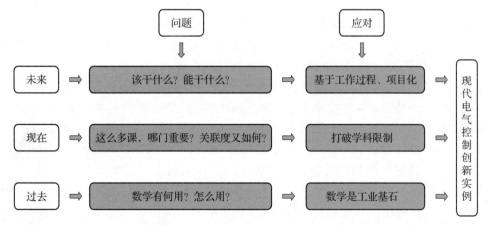

本教材是一本基于工作过程的项目化教材，力求通过最真实的控制案例，还原最真实的任务和场景，让同学们明晰方向；通过最完整的大型控制案例，突破学科限制，明确各课程的地位和重要性；通过案例中的最先进控制策略明确数学在实际工程中的应用。

项目 1 是基于可编程控制器废液处理控制系统,该系统是已经应用并获得好评的大型过程工业生产案例。我们将介绍如何利用可编程控制器实现对废液处理过程的自动化控制。通过可编程控制器实现对废液处理过程中的各种参数进行监测和控制,包括水位、流量、温度等。案例将详细介绍如何设计和实现一个基于 PLC 的废液处理控制系统,包括硬件选型、软件编程、系统调试等方面。通过案例将帮助读者了解如何将电气控制技术应用于实际的工业生产过程中,实现生产过程的自动化和优化。

在项目实施过程中,首先了解不可降解废液的处理技术要求指标,深入研究废液处理控制系统的工作原理和技术实现。然后,选择合适的控制器、传感器和执行器等设备,进行软件编程和系统调试,实现废液处理控制系统的自动化控制。最后,对系统进行测试和优化,确保系统的稳定性和可靠性。

项目 2 是自然循环锅炉控制。这个项目是全国大学生控制仿真挑战赛的优秀设计案例,展示了如何利用控制理论和仿真技术来优化自然循环锅炉的运行。自然循环锅炉是一种常见的热能设备,广泛应用于发电、供暖等领域。在这个项目中,将介绍如何建立自然循环锅炉的数学模型,并利用控制理论和仿真技术来设计控制器,以实现锅炉的高效运行。这个案例将帮助读者了解如何将控制理论应用于实际的工程问题中,提高系统的性能和稳定性。在案例实施过程中,首先整理自然循环锅炉的相关技术指标,深入研究锅炉的工作原理和运行特性。然后,进行数学建模和仿真分析,建立自然循环锅炉的数学模型,并进行仿真实验和参数优化。最后,设计控制器,进行控制系统的实现和调试,确保系统的稳定性和可靠性。

项目 3 是温室大棚智能控制系统。这个案例是"互联网+"创新创业大赛优秀案例,展示了如何利用互联网技术和智能控制技术实现温室大棚的智能化管理。温室大棚是一种用于种植农作物的设施农业,通过控制环境因素(如温度、湿度、光照等)来优化农作物的生长。在这个案例中,将介绍如何利用传感器、控制器和物联网技术实现温室大棚的智能化管理,包括环境监测、远程控制、数据分析等方面。这个案例将帮助读者了解如何将智能控制技术应用于农业生产中,提高生产效率和质量。

在项目实施过程中,首先进行市场调研和需求分析,了解温室大棚智能控制系统的市场需求和发展趋势。然后,收集相关的技术资料和文献,深入研究温室大棚的智能化管理技术和实现方法。接着,进行系统设计和硬件选型,实现温室大棚智能控制系统的各项功能。最后,对电气控制产品的营销推广做具体的商业规划。

在学习本教材的过程中,读者将获得以下几个方面的收获:了解现代电气控制领域的实际应用案例,包括废液处理控制系统、自然循环锅炉控制系统和温室大棚智能控制系统;学习如何利用可编程控制器、控制理论、仿真技术和物联网技术等工具来设计和实现电气控制系统;掌握电气控制系统的设计和调试方法,包括硬件选型、软件编程、系统调试等方面;培养跨学科的思维和创新能力,了解不同学科领域之间的交叉和融合;提高解决实际工程问题的能力,通过案例分析和讨论,学习如何将理论知识应用于实际工程中;通过完整大型实践案例了解相关课程的关联程度及重要性,把握课程学习要点。

课程体系

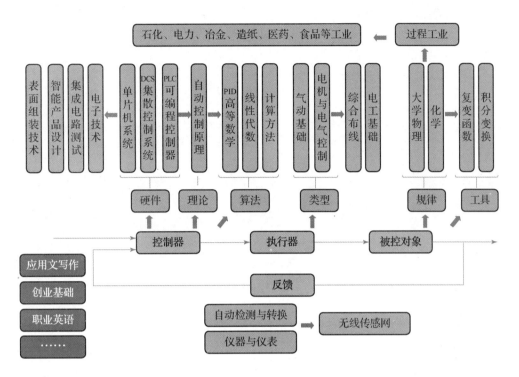

　　本教材为学校校企合作双元教材重点建设项目，教材中深度融入校企合作单位北京新大陆时代科技有限公司、西安天茂数码科技有限公司、中国自动化集团有限公司的真实生产案例，详细、完整的再现了生产的全过程。适合电子信息、电气工程、自动化、计算机科学等相关专业的学生学习，也适合从事电气控制系统设计和实现的工程师和技术人员参考。我们希望本教材能够成为读者学习和工作的有益参考，帮助读者更好地掌握电气控制技术，提高解决实际问题的能力。

　　本教材由西安职业技术学院焦安红、许鑫担任主编，北京新大陆时代科技有限公司龙飞、西安职业技术学院陈萌担任副主编，具体的编写分工如下：焦安红编写项目 1 第 1.1 节～第 1.5 节，项目 2 第 2.1 节～第 2.4 节，项目 3 第 3.1 节～第 3.2 节；许鑫编写项目 1 第 1.6 节～第 1.8 节，项目 3 第 3.3 节～第 3.5 节；龙飞编写项目 2 第 2.5 节～第 2.6 节，项目 3 第 3.9 节；陈萌编写项目 3 第 3.6 节～第 3.8 节。除此之外西安天茂数码科技有限公司刘长茹给予模拟仿真技术支持，中国自动化集团有限公司张军给予上位组态技术指导，我们感谢所有参与本教材编写的专家和学者，他们的辛勤付出使得本教材得以呈现在读者面前。同时，我们也期待读者的反馈和建议，以便我们不断改进和完善教材内容，更好地满足读者的需求。

　　让我们共同开启电气控制创新的新篇章，探索未知的领域，创造更加美好的未来！

编　者

目 录

项目 1

基于可编程控制器废液处理控制系统——中大型过程工业石化类生产案例

学习目标

知识目标

- 学习上位软件的功能及操作方法，掌握流量、水位、温度、压力等被控对象的图示方法及流程、报警、联锁、趋势等画面设计方法。
- 学习下位软件的功能及操作方法，掌握 FB、FC 等功能块，根据控制指标完成控制算法的程序设计。
- 学习比例（P）、比例积分（PI）、比例积分微分（PID）等过程控制基本策略及调参方法，掌握大惯性环节、汽包水位"假水位"现象、多变量耦合等控制难题的解决方法。
- 学习控制器、执行器、传感器的结构组成，掌握电源、AI/AO/DI/DO 模块、气动调节阀、各类传感器的选型，匹配工艺图、I/O 点表和电气图。
- 学习控制网络的设计及布局方法，掌握多层硬件的选用及搭配方法，根据控制指标完成电气柜的设计和搭建。

能力目标

- 能够识别工艺流程图并转换为控制要素点，编写 I/O 点表。
- 能够根据工艺要求设计流程、联锁、趋势、报警等重点画面并分类授权。
- 能够把控制策略流畅转换为程序语言，实现控制参数要求、上下位软件联调联动。
- 能够根据被控对象特征选择常用控制策略，利用仿真软件确定参数。
- 能够利用先进控制策略针对性解决汽包水位"假水位"现象、多变量耦合等控制难题。
- 能够根据工艺及控制要求选择合适的控制器、传感器及执行器。
- 能够搭建多层控制器网络，完成电气柜的设计。

素养目标

- 培养学生数学逻辑分析能力。
- 培养学生创新理念和创新意识。
- 培养学生沟通交流能力。
- 培养学生团队协作能力。

项目描述

改革开放以来，我国的化工产业、电子工业等得到了极大的发展，工业废水的排放量逐年增加，造纸厂、农药厂、制药厂、食品加工厂及印染工业等都排放大量的高浓度有机废液。据统计，目前世界每年有超过 4 200 亿 m^3 的污水排入江河湖泊，致使 1/3 的淡水受到不同程度的污染。我国的废水排放量也逐年增加，污染十分严重。其中，石化行业排放的高浓度有机废液对水

过程工业典型工作过程

环境的污染更是难以解决的老问题。这些高浓度有机废液不仅难以生物降解，而且对生物和人类具有致癌、致畸、致突变等毒害作用，对人类健康构成严重威胁。据报道，人类癌症的 80%～90% 都与环境因素有关，在已发现的致癌化学物中，80% 为有机污染物。因此，对有机废液进行有效的处理具有深远的社会意义。

1. 农化废液处理的研究现状

山东某集团是中国石化 500 强企业，该集团是当地的纳税大户，很大程度上缓解了区域的就业压力。企业一直被当地政府当作重点保护企业予以政策倾斜和扶持，但随着企业的发展，石化行业的污染问题也逐步呈现，企业与当地村民也因废液直排污染问题矛盾重重，该集团下属某公司已多次被叫停。针对该公司具体情况，我们经研究分析该企业废物属高氯酸性有机高浓度废液，计划采用焚烧法处理。

由于有机物具有很好的可燃性，因此有机溶剂、有机残液、废料液等可采用焚烧法进行处理。焚烧法处理有机废液就是在高温条件下将有机物进行氧化分解，使其生成水、二氧化碳等无害物质后排入大气，化学需氧量（Chemical Oxygen Demand，COD）的去除率可达 99% 以上。焚烧法处理有机废液是在高温条件下利用空气深度氧化处理废液中有机物的有效手段，也是高温深度氧化处理有机废液最易实现工业化的方法。石化行业排放的有机废液可采用这种方法进行最终处置，尤其是一些浓度高、组分复杂、污染物没有回收利用价值而热值较高的废液，可直接采用焚烧方法处理。

目前，在国外发达国家用焚烧方式处理废液十分普遍，采用的焚烧系统也是多种多样，一般都具有完善的热能回收、废气处理、焚烧残渣处理系统。

我国石化企业内也有一些废物焚烧设施，但是由于种种原因，这些设施运行情况并不理想，经分析调查，投资高、运行费用高是制约焚烧技术发展的主要因素。然而从其适应性广、对环境危害小、高效快捷的特点来看，焚烧技术未来的发展前景是非常乐观的，尤其是对石化行业种类繁多的废物而言，焚烧可以说是一种行之有效的途径。

本书针对农化企业废液污染严重的客观现实，提出一套基于西门子 S7 PLC 的控制策略。

2. 农化废液处理的控制系统选用

该公司废液系统控制器采用的是可编程控制器。可编程控制器是以计算机技术、自动控制技术和通信技术等现代科技为基础发展起来的一种新型工业控制装置，目前已被广泛应用于各个领域。早期的可编程控制器主要用来代替继电器实现开关量的逻辑控制，因此称为可编程逻辑控制器（Programmable Logic Controller），简称PLC。1959年PLC诞生至今，仅有60余年的历史，但是得到了异常迅猛的发展，并与CAD/CAM、机器人技术一起被誉为现代工业自动化的三大支柱之一。

近些年来，由于超大规模集成电路技术的迅速发展，微处理器的市场价格大幅下跌，使各种类型的PLC所采用的微处理器的档次普遍提高。为了进一步提高PLC的处理速度，各制造厂商纷纷研制开发了专用逻辑处理芯片，这样使PLC在软、硬件功能上都发生了巨大变化。

现代PLC不仅能够完全胜任对大量开关量信号的逻辑控制功能，还具有很强的数学运算、数据处理、运动控制、PID控制等模拟量信号处理能力。同时，PLC的联网通信能力大大增强，可以构成功能完善的分布式控制系统，实现工厂自动化管理。在发达的工业化国家，现代PLC广泛应用在所有的工业部门。

目前，世界上一些著名电器生产厂家几乎都在生产PLC，使PLC种类繁多、型号各异、产品功能日趋完善、换代周期越来越短。中国目前应用较多的PLC是从日本、美国、德国等国家进口的产品。

在我国的中型机PLC市场，德国西门子以其可靠的品质、合理的价格一家独大，其代表产品为S7 – 300和S7 – 400。本案例选用的是西门子S7 – 300系列中型可编程控制器。

相信在西门子S7 – 300 PLC控制器支持下，加以良好的控制策略，会很好地满足我们对废液处理的控制需求。

知识准备

- 上位软件的功能及操作方法，需要有比较扎实的计算机基础知识。
- 流量、水位、温度、压力等被控对象的图示需要有仪器与仪表相关知识。
- 流程、报警、联锁、趋势等画面设计需要一定的绘画基础。
- 下位软件根据控制指标完成控制算法的程序设计，需要有可编程控制器较强的编程基础。
- 比例积分微分（PID）等常规控制策略涉及过程控制、自动控制原理，对高等数学课程基础要求较高。
- 对于大惯性环节、汽包水位"假水位"现象、多变量耦合等控制难题，需要涉及现代控制理论，对线性代数等工程数学要有较好的基础。
- 工艺图、I/O点表和电气图需要AutoCAD等相关绘图基础。
- 电气柜体的接线布局需要电机与电气控制、电工基础较强的实践知识。

项目实施

1.1　WinCC上位组态

废液处理系统使用软件分为上位软件和下位软件，以中大型市场最主流控制器西门子

S7-300 系列为例,对应上位软件是 WinCC,下位软件是 STEP7。首先根据废液处理系统的工艺流程图,选取合适图库模型及补充图表设计上位流程画面,同时根据工艺中监控模拟量点位设计趋势画面,根据控制指标限值设计报警画面,根据启动和制动条件设计联锁画面。其次根据工艺流程图梳理控制逻辑,应用 STEP7 编写下位程序,重点是功能块 FB 和 FC 的使用,最终实现上下位软件联调联动。

在自动化解决方案的寿命周期内,工程成本要占到总成本的 50% 以上。如要显著地降低工程成本,就必须要有简单高效的组态工具,以及直观、友好的系统。WinCC 是 SIMATIC PCS 7 过程控制系统及其他西门子控制系统中的人机界面组件。一方面,其高水平的创新,使用户在早期就认识到即将到来的发展趋势并予以实现;另一方面,基于其标准的长期产品策略,可确保用户的投资利益。依据这种战略思想,WinCC 已发展成为欧洲市场的领导者,乃至业界遵循的标准。WinCC 能使设备和机器最优化运行,最大程度地提高工厂的可用性和生产效率。WinCC 具有以下特点:

(1) 适用于所有工业和技术领域的解决方案。

WinCC 最引人注目之处是其广泛的应用范围。独立于工艺技术和行业的基本系统设计,模块化的结构,以及灵活的扩展方式,使其不但可以用于机械工程中的单用户应用,还可以用于复杂的多用户解决方案,甚至是工业和楼宇技术中包含有几个服务器和客户机的分布式系统。

(2) 多语言支持,全球通用。

WinCC 的组态界面完全是为国际化部署而设计的:只需单击一下按键就可在德文、英文、法文、西班牙文和意大利文之间进行切换。亚洲版还支持中文、韩文和日文。它可以在项目中设计多种运行时目标语言,即同时可使用几种欧洲和亚洲语言。这意味着,可在几个目标市场使用相同的可视化解决方案。如果要翻译文本,只需一种标准的 ASCII 文本编辑器即可。

(3) 可集成到任何公司内的任何自动化解决方案中。

WinCC 提供了所有最重要的通信通道,用于连接到 SIMATIC S5/S7/505 控制器(如通过 S7 协议集)的通信,以及如 PROFIBUS-DP/FMS、DDE(动态数据交换)和 OPC(用于过程控制的 OLE)等非专用通道;亦能以附加件的形式获得其他通信通道。由于所有的控制器制造商都为其硬件提供了相应的 OPC 服务器,因而事实上可以不受限制地将各种硬件连接到 WinCC。

(4) 集成用户管理。

使用 WinCC 用户管理器,可以分配、控制组态和运行时的访问权限,还可作为系统管理员,随时(包括在运行时)建立最多 128 个用户组(每组最多包含 128 个单独的用户),并为它们分配相应的访问 WinCC 功能的权限。所有操作员工作站都包括在用户管理范围内,如 Web Navigator 客户机。

(5) 图形系统。

WinCC 的图形系统可处理运行时在屏幕上的所有输入和输出。可使用 WinCC 图形设计器来生成用于工厂可视化和操作的图形。不管是少而简单的操作和监视任务,还是复杂的管理任务,利用 WinCC 标准,可为任何应用生成个性化组态的用户界面,以期实现安全的过程控制和整个生产过程的优化。

(6) 消息系统。

借助报警和消息,使停机时间最短,WinCC 不仅可以获取过程消息和本地事件,而且

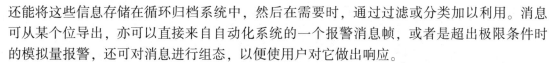

还能将这些信息存储在循环归档系统中，然后在需要时，通过过滤或分类加以利用。消息可从某个位导出，亦可以直接来自自动化系统的一个报警消息帧，或者是超出极限条件时的模拟量报警，还可对消息进行组态，以便使用户对它做出响应。

（7）归档系统。

消息和测量值的高性能归档将已经获得的值保存在过程值归档中。除了过程值外，WinCC 还能对消息进行归档。归档是在高性能的 Microsoft SQL Server 数据库内完成的：使用一个专门的服务器，每秒最多归档 10 000 个测量值和 100 个消息。高效率和无损失压缩功能意味着对存储器的要求非常低。可在事件或过程控制基础上（如在临界场合），以及在压缩基础上（如取平均值）或者循环地（连续）归档过程值。

（8）报表和记录系统。

WinCC 有一个集成的记录系统，可用它打印来自 WinCC 或其他应用程序的数据。该系统还可打印运行时获得的数据，这些数据的布局可以组态。可使用不同的记录类型：从消息序列记录、系统消息记录和操作员记录，直至用户报表。

（9）动画。

简单、逼真、灵巧的超级控制面板为实现动画，将一个画面对象和一个内部 PLC 变量相连接是十分简便的。一旦将一个新的对象放置在画面内，就会出现一个易于编辑的对话框。WinCC 图形设计器能使用户简单地对需要的所有对象属性设定动画并且进行预览。为了保证总体的灵活性，可以用脚本来增强一个对象的功能。

（10）从图形库中简单地检索已经组态好的模块。

一旦创建了图形对象，图形库就能将它们反复地集成到画面内。图形库内早已存储了大量如泵、风机、管路、测量仪表、开关等已经组态好的对象。开发人员可以生成基于公司、技术或行业标准的对象，以便快速和简便地生成各种项目。这些用于项目的对象通过图形库中的主题完成和排序，并且可以通过拖放放到画面内。为了能充分利用 WinCC 的运行时的多语言支持，对于类似对象，可应用几种语言组态。

（11）数据库。

SIMATIC WinCC 在其基本系统中集成有基于 Microsoft SQL Server——一个功能强大、可延展的 Historian 系统。这给用户带来了很多功能，包括高性能地归档当前的过程数据和事件，以极高的数据压缩比实现长期归档和备份，以及直接作为整个公司的 Historian 服务器，实现中央信息交换系统。

（12）高效益。

节省工程费用以及寿命周期成本 TIA（全集成自动化）能完全集成各个自动化组件，其范围从控制器、分布式外围设备、驱动产品、操作和监视设备，直到生产管理层。就这方面来说，用户总是能从组态/编程、数据存储和通信三个方面的一致性中获得效益。换句话说，可为自动化解决方案节省的工程费用达 50%，而且相应地降低寿命周期成本和总体成本。

（13）集成诊断功能，有效提高生产率。

全集成自动化可提供对系统来说极为重要的集成诊断功能。与其他的 SIMATIC 组件相连接，SIMATIC WinCC 支持对正在运行的系统和过程的诊断：直接从 WinCC 进入 STEP7 硬件诊断；从 WinCC 画面调用 STEP7 程序块；应用基于 Web 技术的 WinCC Scope 的系统诊断；应用 WinCC 通道诊断软件的通信连接诊断；应用 WinCC/ProAgent 的可靠的过程诊断。

（14）过程诊断。

在出现故障时，使用 WinCC 中的 WinCC/ProAgent 软件，可显示来自 S7 - PDIAG 和 S7 - GRAPH 控制器的过程诊断消息——不需要任何组态和工作，或任何附加的诊断装置。这意味着，WinCC 以定位和消除故障这种有效的支持，显著地缩短机器和工厂的停机时间。

（15）SIMATIC WinCC 持续的延展性——随时随地进行扩展。

"延展性"早已是 SIMATIC WinCC 的一个标志性特点，版本 6 的一个新特征，就是这种可延展性现在已经持续地从有 128 个外部变量的单用户解决方案，扩展到集成有 Historian 和 Web 上操作员工作站的客户机/服务器解决方案。根据要实施的项目规模，可使用以下运行时（RT）和完全（RC）系统：128、256、1 024、8 K（新增）以及 64 K 个外部变量。

基于以上的优势以及硬件配套的需要，我们上位的组态设计是基于 WinCC。WinCC 是一个模块化系统。其基本组件是组态软件（CS）和运行系统软件（RT）。在启动 WinCC 之后，将立即打开 WinCC 项目管理器。WinCC 项目管理器构成了组态软件的核心。整个项目结构将显示在 WinCC 项目管理器中，此时也可对项目进行管理。已经提供了可从 WinCC 项目管理器中调用的特定编辑器，用于组态用途。每个编辑器用于组态一个特定的 WinCC 子系统。

最重要的 WinCC 子系统是：

图形系统——用于创建画面的编辑器称为图形编辑器。

报警记录——对消息进行组态的过程指的就是报警记录。

归档系统——变量记录编辑器用于确定对何种数据进行归档。

报表系统——用于创建报表布局的编辑器称为报表编辑器。

用户管理器——用于对用户进行管理的编辑器。

通信——在 WinCC 项目管理器中直接组态。

废液处理控制系统整体工艺图请扫二维码获取。

废液系统
工艺流程图

1.1.1　主要画面

上位画面主要要求如表 1 - 1 所示。

表 1 - 1　上位画面主要要求

序号	画面名称	画幅数量	备注
1	流程画面	1	依据工艺流程图简化抽象
2	趋势画面	1	主要体现温度、压力、水位、流量
3	报警画面	1	依据工艺指标设计报警指标
4	联锁画面	1	从安全角度设计合理启动、联锁条件
5	主画面	1	设计登录权限，进入其他画面
功能：单击进入任一画面，任一画面中均设置 5 个小画面条，单击小画面条可相互切换画面			

主画面如图 1 – 1 所示。

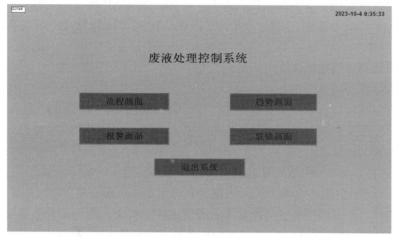

图 1 – 1　主画面

1.1.2　流程画面

整个画面与设计的工艺流程图相一致，并将工艺流程图中各装置转换为与实物相似的图形。各阀门采用设计流程图中的相同符号。

流程画面包括主要流程，所有风机、泵、阀、热工装置，以及输入 PLC 操作站的所有调节仪表，阀门的物理量包括水位、温度、压力、流量、火焰监测的显示和操作，如图 1 – 2 所示。

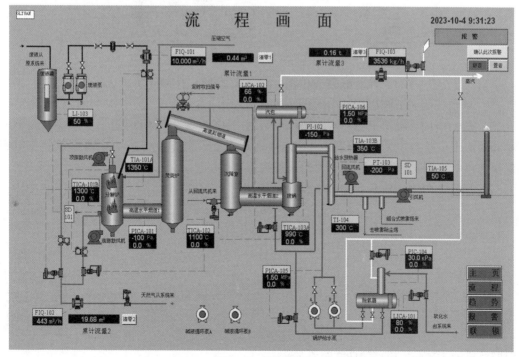

图 1 – 2　流程画面

1. 流程画面颜色设计

（1）底色为浅灰色，设备、装置、风机、泵具有仿真立体感。

（2）所有水管线为绿色，燃料气管线为黄色，废液管线为黑色，蒸气管线为银白色，空气管线为深灰色。

（3）火焰监测点放在燃烧室内，形同火焰燃烧。火焰未燃烧或熄火为灰色。火焰正常燃烧时为红色闪动。

（4）风机、泵运行状态采用变色方式，停运时为红色，运行时为绿色。

（5）电磁气动控制阀开关状态采用变色方式，全开为绿色，全关为红色。

2. 流程画面功能设计

（1）显示进入 PLC 操作站所有水位、温度、压力、蒸气的瞬时流量和累计流量，燃料气的瞬时流量和累计流量；废液的瞬时流量和累计流量；压缩空气的瞬时流量和累计流量。

（2）燃料气、废液、压缩空气流量不做温度、压力校正。蒸气流量做温度、压力校正。其压力取压点来源于汽包压力。温度采用相同实际压力的饱和温度。

（3）风机、泵运行状态在 PLC 内做变色显示，在风机、泵位置设置开停按钮（即单击风机、泵位置，出现一个开/停框，再进行开/停操作）。

（4）电磁气动控制阀在流程画面上各设置投运/切除开关（即燃料气电磁阀、废液电磁阀）。单击某一阀后，出现一个投运/切除开关，如图 1-3 所示。

图 1-3 开关阀画面

单击"投运"按钮，控制阀开；单击"切除"按钮，控制阀关。

（5）单击控制调节阀出现调节阀调节画面，如图 1-4 所示。

（6）相对应的参数应有报警给定值显示，并具备修改报警值功能。当某参数报警时，流程画面出现一条该报警参数信息，并在流程画面上设消音复位按钮，单击该复位按钮，消除报警声响，同时消除画面中出现的这条报警参数信息。

（7）所有水位在主流程实物图上设显示棒柱。

1.1.3　趋势画面

功能：

（1）全部趋势画面显示，单击任一单一参数趋势画面后，可进入该单一参数详细画面。

（2）单一参数趋势画面显示、当前时段瞬时动态曲线显示、当前 60 min 趋势曲线显示、24 h 历史趋势曲线查看显示。

趋势画面讲解

（3）参数某一测量值范围查看。图 1-5 所示为趋势画面 1。

（4）显示进入 PLC 操作站的水位、温度、压力、流量全部参数项和测量值，如图 1-6 所示。

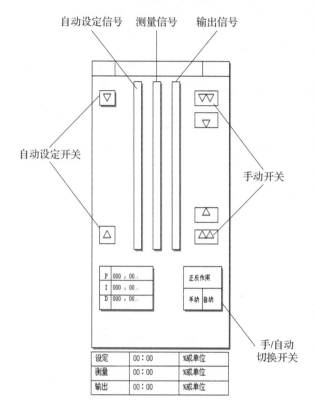
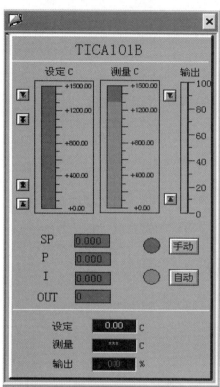

图 1-4　调节阀调节画面

图 1-5　趋势画面 1

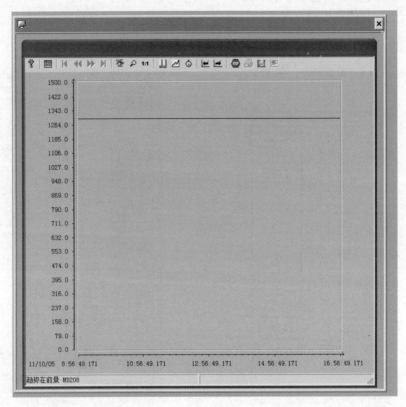

图 1 - 6 趋势画面 2

1.1.4 报警画面

功能：

（1）显示进入 PLC 操作站的全部报警参数项和高低报警。

（2）报警及报警时间查看。

（3）单击报警复位按钮后报警声响消除。

（4）单击报警点，显示报警时间、消除时间、报警参数值。

参数未报警——灰色；报警——红色并闪烁（闪烁频率 50 Hz）；报警消除——恢复为灰色；报警复位按钮——红色。

主要报警信息如图 1 - 7 所示，报警画面如图 1 - 8 所示。

报警画面讲解

1.1.5 联锁画面

联锁画面如图 1 - 9 所示。

联锁画面讲解

报警复位
报警记录
蒸汽压力高
汽包水位低
汽包水位低低
除氧槽水位高
除氧槽水位低
除氧槽压力高
分解炉炉顶温度高
分解炉炉中温度高
分解炉炉中温度低
分解炉负压高
分解炉负压低
焚烧炉底温度高
焚烧炉底温度低
焚烧炉顶温度高
换热器前温度高
换热器后温度高
烟气温度高
引风机故障
回流风机停
分解炉顶部火焰
分解炉底部火焰
汽包水位高废液储槽水位低
分解炉顶温度低
废液储槽水位高
流程
趋势
报警
联锁

图1－7　主要报警信息

GLYUAN
2023-10-4 9:32:18
报　警　画　面
蒸汽压力高　1
除氧槽水位高　2
分解炉炉顶温度高　3
分解炉负压高　4
焚烧炉底温度低　5
换热器后温度高　6
回流风机停　7
汽包水位高　22
废液储槽水位低　25
汽包水位低　8
除氧槽水位低　9
分解炉炉中温度高　10
分解炉负压低　11
焚烧炉顶温度高　12
烟气温度高　13
分解炉顶部火焰　14
分解炉顶温度低　23
汽包水位低低　15
除氧槽压力高　16
分解炉炉中温度低　17
焚烧炉底温度高　18
换热器前温度高　19
引风机故障　20
分解炉底部火焰　21
废液储槽水位高　24
报警复位
报警记录
主　页
流　程
趋　势
报　警
联　锁

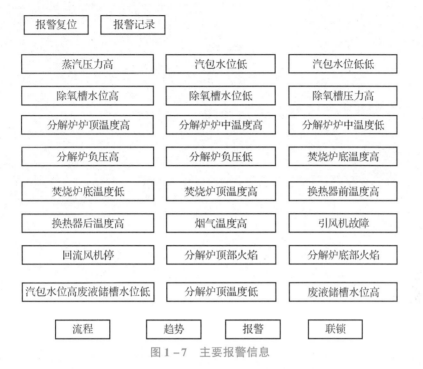

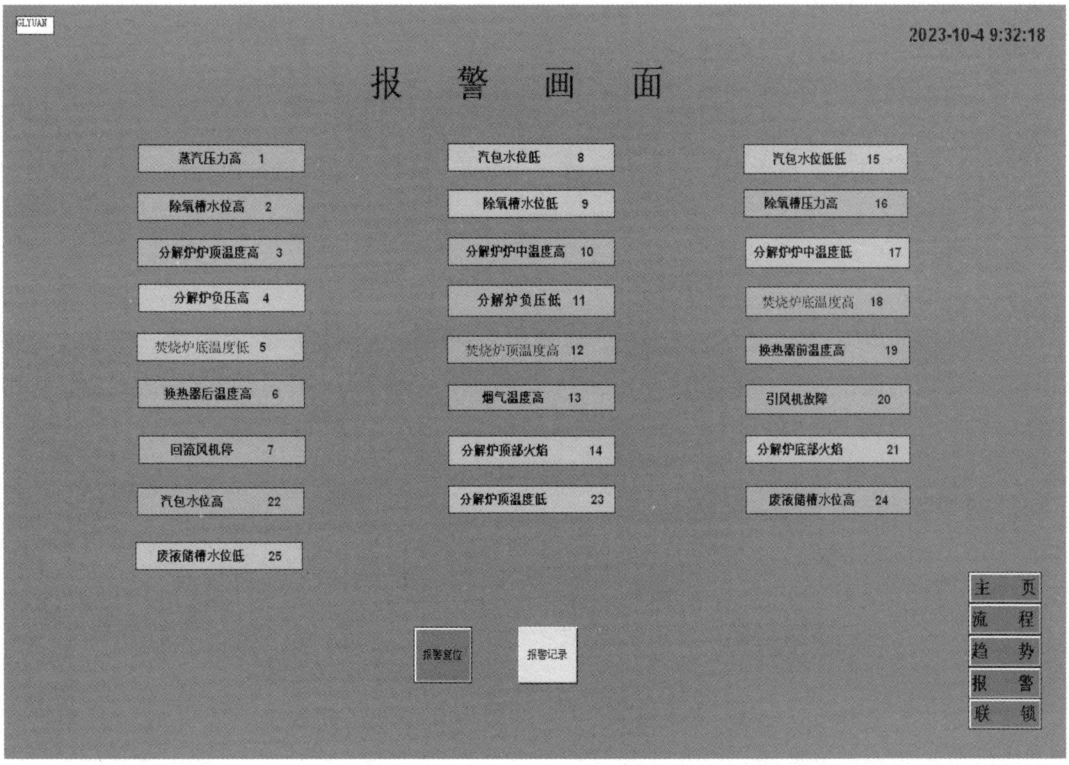

图1－8　报警画面

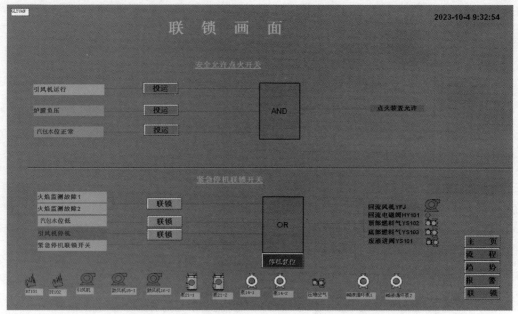

图1-9 联锁画面

功能：

(1) 参数正常——参数框绿色；参数不正常——参数框红色。

(2) 投运——绿色；切除——红色；复位——绿色；停机——红色。

(3) 电磁阀：全开——绿色；全关——红色。

(4) 联锁线路：正常运行——绿色；联锁动作——红色。

(5) 点火装置柜：允许点火——绿色；不允许点火——红色。

(6) 正常运行时：单击某一阀位，出现一个投运/切除开关同样可以操作。

1.1.6 授权

授予许可证以模块化方式进行组织，以便以灵活的方式满足所有的要求。授予许可证指的就是授权。授权可以在安装过程中从授权软盘中安装。这里，我们应用的是 RC 1024 PTg512 ATag 授权，可以组态 1 024 个过程变量和 512 个归档变量。

1.1.7 防止未授权的操作

1. 用户权限设定

对机器或系统的不适当操作将可能导致严重的后果。因此，很多功能只能由合适的经过授权的操作员使用。

使用用户管理器进行组态：用户管理器用于发出和控制访问权限。通过 WinCC 项目管理器中的弹出式菜单可启动用户管理器。

创建用户和用户组：设置具有其各自访问权限的用户。随后可设置用户，并将用户指定权限给这些用户。一些经常使用的访问权限已经在用户管理器数据窗口中进行了预定义。

为了给用户分配一个确定的访限，只须单击右手列中的控制框，使用图形编辑器进行组态。图 1 - 10 所示为用户权限设定画面。

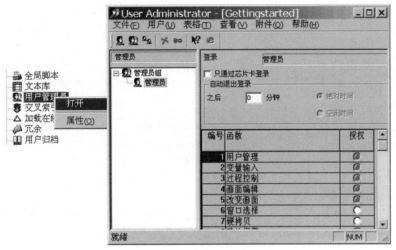

图 1 - 10　用户权限设定画面

2. 登录键设定

使用 WinCC 项目管理器进行组态：

必须定义一个快捷键，以调用登录对话框。操作员在登录系统时将使用该快捷键。该设置也可通过 WinCC 项目管理器中的项目属性来访问。

在这里根据客户要求设计了三个权限：GLYUAN、CZYUAN、GCYUAN，登录用 Ctrl + A 快捷键，退出用 Ctrl + B 快捷键。登录设定画面如图 1 - 11 所示。

图 1 - 11　登录设定画面

1. 2　STEP7 的下位编程

STEP7 是一种用于对 SIMATIC 可编程逻辑控制器进行组态和编程的标准软件包。它是 SIMATIC 工业软件的一部分，主要应用在 SIMATIC S7 - 300/S7 - 400、SIMATIC M7 - 300/M7 - 400 以及 SIMATIC C7 上，且具有更广泛的功能：可扩展到 SIMATIC 工业软件的软件产品中作为一个选件；功能模块和通信处理器参数分配的时机；强制模式与多值计算模式；

全局数据通信；使用通信功能块进行的事件驱动数据传送；组态连接。

主要步骤：

（1）安装 STEP7 和许可证密钥。

在第一次使用 STEP7 时，对其进行安装，并将许可证密钥从软盘传送到硬盘。

（2）规划控制器。

在使用 STEP7 进行工作之前，对自动化解决方案进行规划，将过程分解为单个任务，并为其创建一个组态图。

（3）设计程序结构。

使用 STEP7 中可供利用的块，将控制器设计草图中所描述的任务转化为一个程序结构。

（4）启动 STEP7。

通过 Windows 用户接口启动 STEP7。

（5）创建项目结构。

项目类似一个文件夹，所有的数据均可按照一种体系化的结构存储在其中，并随时可供使用。

（6）组态一个站。

在对站进行组态时，可指定希望使用的可编程控制器，如 SIMATIC 300。

（7）组态硬件。

在对硬件进行组态时，可在组态表中指定自动化解决方案要使用的模块以及用户程序用来对模块进行访问的地址。使用参数也可对模块的属性进行设置。

（8）组态网络和通信连接。

通信的基础是预先组态的网络。需要创建自动化网络所需要的子网、设置子网属性，以及设置已联网工作站的网络连接属性和某些通信连接。

（9）定义符号。

可在符号表中定义局部符号或具有更多描述性名称的共享符号，以便代替用户程序中的绝对地址进行使用。

（10）创建程序。

使用一种可选编程语言创建一个与模块相连接或与模块无关的程序，并将其存储为块、源文件或图表。

（11）仅适用于 S7-300/400：生成并赋值引用数据。

可充分利用这些引用数据，使用户程序的调试和修改更容易。

（12）组态消息。

例如，通过其文本和属性，创建相关块的消息。使用传送程序，将所创建的消息组态数据传送给操作员接口系统数据库（如 SIMATIC WinCC、SIMATIC ProTool），参见组态消息。

（13）组态操作员监控变量。

在 STEP7 中创建了操作员监控变量，就要为其分配所需要的属性。使用传送程序，将所创建的操作员监控变量传送到操作员接口系统 WinCC 的数据库。

（14）将程序下载给可编程控制器。

适用于 S7-300/400：在完成所有的组态、参数分配及编程任务之后，可将整个用户程序或其中的单个块下载给可编程控制器（硬件解决方案的可编程模块）。CPU 已经包含操作系统。

（15）测试程序。

适用于 S7 – 300/400：为了进行测试，可显示用户程序或 CPU 中的变量值，为变量分配数值，以及为需要显示或修改的变量创建一个变量表。

（16）监视操作、诊断硬件。

通过显示关于模块的在线信息，确定模块故障的原因。借助于诊断缓冲区和堆栈内容，确定用户程序处理中的错误原因，也可检查用户程序是否可在特定的 CPU 上运行。

1.2.1　功能块 FB 的使用

1. 功能块设定

功能块 FB 属于用户自己编程的块。功能块是一种"带存储器"的块。分配数据块作为其存储器（背景数据块），传送到 FB 的参数和静态变量保存在背景数据块中。临时变量则保存在本地数据堆栈中。执行完 FB 时，不会丢失背景数据块中保存的数据，但会丢失保存在本地数据堆栈中的数据。

这里应用功能块 FB41 "CONT_C" 实现 PID 连续控制。

FB "CONT_C" 用于在 SIMATIC S7 可编程控制器上，控制带有连续输入和输出变量的工艺过程。在参数分配期间，用户可以激活或取消激活 PID 控制器的子功能，以使控制器适合实际的工艺过程。

可以将控制器用作 PID 固定设定值控制器，或者在多回路控制中用作级联、混合或比例控制器。控制器的功能基于采样控制器的 PID 控制算法，采样控制器带有一个模拟信号；如果需要的话，还可以扩展控制器的功能，增加一个脉冲生成器环节，以产生脉宽调制的输出信号，用于带有比例执行器的两步或三步控制器。

除了设定值和过程值分支中的功能以外，FB 还实现了一个完整的 PID 控制器，该控制器具有连续的可调节变量输出，并且还可以选择手动影响调节值。

下文详细描述了这些子功能。

设定值分支：

设定值以浮点数格式输入 SP_INT 输入端。

过程变量分支：

可以在外围设备（I/O）中输入过程变量，也可以以浮点数格式输入。

CRP_IN 函数根据下列公式，将 PV_PER 外设值转换成浮点数格式 – 100 到 + 100：

$$\text{CRP\_IN 的输出} = \text{PV\_PER} \times 100/27\,648$$

PV_NORM 函数根据下列公式规格化 CRP_IN 的输出：

$$\text{PV\_NORM 的输出} = （\text{CRP\_IN 的输出}）\times \text{PV\_FAC} + \text{PV\_OFF}$$

式中，PV_FAC 的缺省值是 1；PV_OFF 的缺省值是 0。

误差信号：

设定值和过程变量之间的差值就是误差信号。要抑制由于可调节变量量化所引起的小幅持续振荡（如在使用 PULSEGEN 进行脉宽调制时），可对误差信号使用死区

（DEADBAND）。如果 DEADB_W =0，则死区功能关闭。

PID 算法：

这里所使用的 PID 算法是定位 PID 算法。比例、积分和微分动作是并行连接在一起的，可以单独激活或取消激活。这样便能够组态成 P、PI、PD 和 PID 控制器，还可以组态成纯 I 控制器和纯 D 控制器。

手动值：

可以在手动模式和自动模式之间切换。在手动模式下，可调节变量被修正到手动选择的数值。积分器（INT）内部被设置成 LMN – LMN_P – DISV，而微分单元（DIF）被设置成 0，这些都是自动在内部进行匹配的。这样，切换到自动模式就不会导致调节值的突然变化。

调节值：

使用 LMNLIMIT 函数，可以将调节值限制到所选择的数值上。当输入变量超过了限制值时，通过信号位来指示。

LMN_NORM 函数根据下列公式规格化 LMNLIMIT 的输出：

$$LMN\_NORM = （LMNLIMIT 的输出） \times LMN\_FAC + LMN\_OFF$$

式中，LMN_FAC 的缺省值是 1；LMN_OFF 的缺省值是 0。

调节值也可以使用外设值格式。CRP_OUT 函数根据下列公式将浮点数 LMN 转换成外设值：

$$LMN\_PER = LMN \times 100/27\ 648$$

前馈控制：

可以在 DISV 输入端前馈一个干扰变量。

完全重启动/重启动：

FB41 "CONT_C" 有一个完全重启动例行程序，当置位输入参数 COM_RST = TRUE 时执行。

在启动期间，积分器内部被设置成初始值 I_ITVAL。当在周期性中断优先级中调用积分器时，它便从这个数值开始，继续工作。所有其他输出都被设置成各自的缺省值。

2. 功能块应用

PID 控制软件包里拥有连续控制功能块 CONT_C。控制功能块利用其所提供的全部功能可以实现一个纯软件控制器。循环扫描计算过程所需的全部数据存储在分配给 FB 的数据区里，使无限次调用 FB 成为可能。功能块 PULSEGEN 一般用来连接 CONT_C，以使其可以产生提供给比例执行器的脉冲信号输出。

在功能块组成的控制器中，有一系列可以通过设置使其有效或无效的子功能。除了实际采用 PID 算法的控制器外，还包括给定点值处理、过程变量处理以及调整操作值范围等功能。应用两个控制功能块组成控制器就可以突破局限的特定应用。控制器的性能和处理速度只与所采用的 CPU 性能有关。对于任意给定的 CPU，控制器的数量和每个控制器被调用的频率是相互矛盾的。控制环执行的速度，或者说，在每个时间单元内操作值必须被更新的频率决定了可以安装的控制器的数量。对要控制的过程类型没有限制，迟延系统（温度、水位等）和快速系统（流量、电动机转速等）都可以作为控制对象。

控制过程的静态性能（比例）和动态性能（时间延迟、死区和重设时间等）对被控过程控制器的构造和设计以及静态（比例）和动态参量（积分和微分）的维数选取有着很大的影响。准确地了解控制过程的类型和特性数据是非常必要的。

除了给定点和过程变量分支的功能外，FB 自己就可以实现一个完整的具有连续操作值输出并且具有手动改变操作值功能的 PID 控制器。

我们在设计中使用了 9 个 PID 模块，图 1 – 12 所示为 PID 模块设定画面。

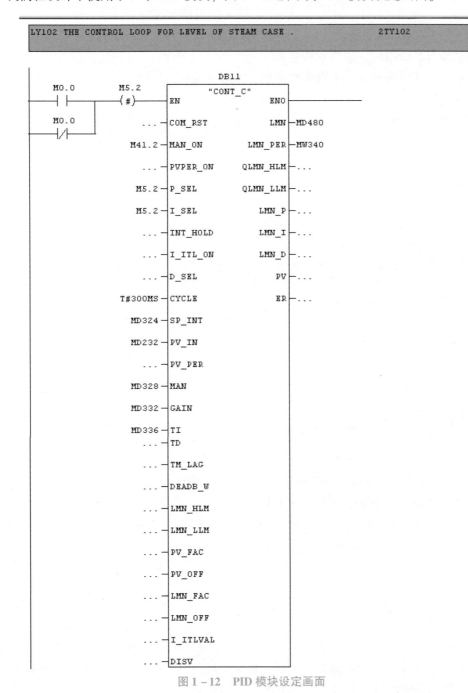

图 1 – 12　PID 模块设定画面

1.2.2 功能块 FC 的使用

功能块 FC 是一种"不带存储器"的逻辑块。属于 FC 的临时变量保存在本地数据堆栈中。执行 FC 时，数据将丢失。为永久保存数据，功能块也可使用共享数据块。

由于 FC 本身没有存储器，因此必须始终给它指定实际参数。不能给 FC 的本地数据分配初始值。

应用 FC 可使用下列功能：

将功能值返回调用块（如算术功能）。

执行技术功能（如具有位逻辑操作的单个控制功能）。

将实际参数分配给形式参数。

形式参数是"实际"参数的哑元。调用功能时，实际参数将替换形式参数。必须始终将实际参数分配给 FC 的形式参数。FC 所使用的输入、输出以及输入/输出参数作为指针保存到调用 FC 的逻辑块的实际参数中。

这里我们设计的 FC1 模块（图 1 – 13）实现了将模拟量输入模块的输出值转换为实际的物理量。

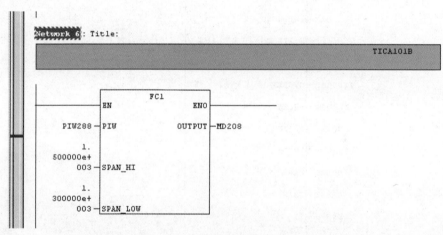

图 1 – 13 模数转换 FC1 设定画面

网络 1：将输入数值整型转换成双整型，再由双整形转换成实型。

网络 2：（物理量）高值 – 低值，再除以 27 648。

网络 3：网络 1 结果乘以网络 2 结果，再加上（物理量）低值。

FC 功能块内部设定画面如图 1 – 14 所示。

1.3 控制策略

自 20 世纪 40 年代起，过程控制中，按偏差的比例（P）、积分（I）和微分（D）进行控制的 PID 控制器（亦称 PID 调节器）一直是应用最为广泛的自动控制器。它具有原理简单、易于实现、鲁棒性强和使用面广等优点。

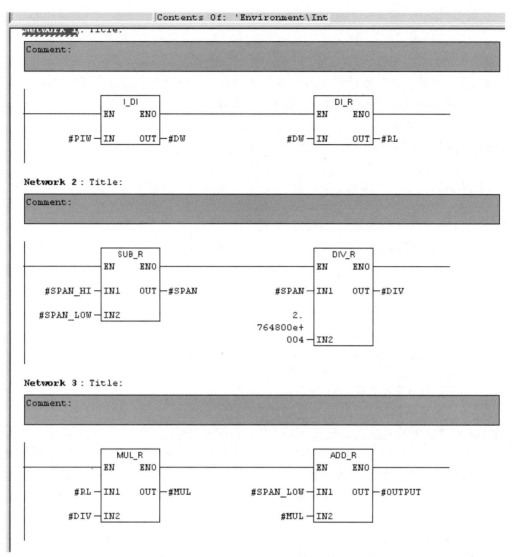

图1-14　FC功能块内部设定画面

简单控制系统是指单回路控制系统，是最基本、结构最简单的一种，具有相当广泛的适应性。在计算机控制已占主流地位的今天，这类控制系统仍占控制系统70%以上。简单控制系统虽然结构简单，却能解决生产过程中的大量控制问题。图1-15所示为典型简单控制系统的结构框图，由一个对象、一个控制器、一个控制阀和一个变送器构成。

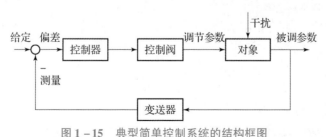

图1-15　典型简单控制系统的结构框图

1.3.1　比例控制 P

由于水位控制广义对象控制通道的时间常数较小，负荷变化较小，工艺要求也不高，所以选择比例控制（LY101 除氧器水位控制阀、LY102 汽包水位控制阀）。

1. 比例控制的规律

在比例（P）控制中，控制器的输出信号 u 与偏差信号 e 成比例，即

$$u = k_c e$$

式中，k_c 为放大倍数（视情况可设置为正或负）。上式中的控制器输出 u 实际上是对其起始值 u_0 的增量，因此，当偏差 e 为 0 因而 $u = 0$ 时，并不意味着控制器没有输出，它只说明此时有 $u = u_0$，u_0 的大小可以通过调整控制器的工作点加以改变。

在工业上所使用的控制器，习惯上采用比例度 δ（也称比例带），而不用放大倍数 k_c 来衡量比例控制作用的强弱。所谓比例度，就是指控制器输入的相对变化量与相应的输出的相对变化量之比的百分数，用公式表示为

$$\delta = \frac{\dfrac{e}{x_{\max} - x_{\min}}}{\dfrac{u}{u_{\max} - u_{\min}}} \times 100\%$$

式中，e 为控制器的输入变化量（即偏差）；u 为相应于偏差为 e 时的控制器输出变化量；$x_{\max} - x_{\min}$ 为仪表的量程；$u_{\max} - u_{\min}$ 为控制器输出的工作范围。

δ 具有重要的物理意义。如果 u 直接代表控制阀开度的变化量，那么从上式可以看出，δ 代表控制阀的开度改变 100%，即从全关到全开时所需的被调量的变化范围。只有当调节量处于这个范围以内，控制阀的开度（变化）才与偏差成比例。超出这个比例度以外，控制阀已处于全关或全开的状态，此时控制器的输入与输出已不再保持比例关系，而控制器也暂时失去控制作用了。

控制器的比例度 δ 习惯用它相对于被调量测量仪表的量程的百分数表示。例如，若测量仪表的量程为 100 ℃，则 $\delta = 50\%$ 就表示被调量需要改变 50 ℃ 才能使控制阀从全关到全开。

可将上式改写一下，写成

$$\delta = \frac{e}{u}\left(\frac{u_{\max} - u_{\min}}{x_{\max} - x_{\min}}\right) \times 100\% = \frac{1}{k_c}\left(\frac{u_{\max} - u_{\min}}{x_{\max} - x_{\min}}\right) \times 100\% = \frac{k}{k_c} \times 100\%$$

对于一只控制器来说，k 是固定常数，特别是对于单元组合仪表，控制器的输入信号是由变送器来的，而控制器与变送器的输出信号都是统一的标准信号，因此常数 $k = 1$。所以在单元组合仪表中，比例度就和放大倍数 k_c 互为倒数关系，即

$$\delta = \frac{1}{k_c} \times 100\%$$

2. 比例控制的特点

比例控制作用是最基本的，也是最主要的控制规律。它能比较迅速地克服干扰。比例控制作用适合干扰变化幅度小、自衡能力强、对象滞后较小、控制质量要求不

高的场合。

比例控制的显著特点就是有差调节。

工业过程在运行中经常会发生负荷变化。所谓负荷是指物料流或能量流的大小。处于自动控制下的被控过程在进入稳态后，流入量与流出量之间总是达到平衡的，因此，人们常常根据控制阀的开度来衡量负荷的大小。

如果采用比例控制，则在负荷扰动下的控制过程结束后，被测量不可能与设定值准确相等，它们之间一定有余差。

比例控制对于控制过程的影响：

一个比例控制系统，由于对象特性的不同和比例控制器的比例度的不同，往往会得到各种不同的过渡过程形式。一般来说，对象特性因受工艺设备的限制，是不能任意改变的。这就要分析比例度 δ 的大小对过渡过程的影响。

比例度对过渡过程的影响如图 1 – 16 所示。

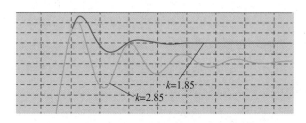

图 1 – 16　比例度对过渡过程的影响

如前所述，比例度对余差的影响是：比例度 δ 越大，放大倍数 k_c 越小，由于 $u = k_c e$，要获得同样的控制作用，所需的偏差就越大，因此同样的负荷变化下，控制过程终了时的余差就越大，最大偏差增大，调节周期增长，稳定性增加；反之，最大偏差减小，调节周期缩短，稳定性变差，余差也随着减少。

1.3.2　比例积分控制 PI

压力调节及引风机频率控制其广义对象控制通道的时间常数较小，负荷变化也不大，工艺不允许有余差，所以选用比例积分控制（PY104 除氧器蒸汽压力控制阀、PY105 除氧器回水控制阀、PY106 蒸汽防空管线控制阀）。

1. 比例积分控制器的动作规律

比例积分控制器，由于引入积分作用，系统具有消除余差的能力，它的调节规律为

$$u = k_c e + S_0 \int_0^t e\,dt \text{ 或 } u = \frac{1}{\delta}\left(e + \frac{1}{T_i}\int_0^t e\,dt\right)$$

式中，δ 为比例度，可视情况取正值或负值；T_i 为积分时间。δ 和 T_i 是比例积分控制器的两个重要参数。图 1 – 17 所示为比例积分控制器的阶跃响应，它是由比例动作和积分动作两部分组成的。在施加阶跃输入的瞬间，控制器立即输出一个幅值为 $\Delta e/\delta$ 的阶跃，然后以固定速度 $\Delta e/\Delta T_i$ 变化。当 $t = T_i$ 时，控制器的总输出为 $2\Delta e/\delta$。这样，就可以根据图形确定 δ 和 T_i 的数值。还注意到，当 $t = T_i$ 时，输出的积分部分正好等于比例部分。由此可见，T_i 可以衡量积分部分在总输出中所占的比重；T_i 越小，积分部分所占的

比例越大。

2. 比例积分控制对于调节过程的影响

一般来说，积分时间越小，积分作用越强，系统的稳定性也相应下降，消除余差能力增强。积分时间对过渡过程的影响，这里区分两种情况：

第一种是控制器其他参数不变，仅仅 T_i 变化时。

在同样比例度下，当缩短积分时间，加强积分控制作用时，一方面克服余差的能力提高，最大偏差减小，调节周期缩短，这是有利的一面；另一方面会使过渡过程振荡加剧，稳定性降低。积分时间越短，振荡倾向越强烈，甚至会成为不稳定的发散振荡，这是不利的一面。

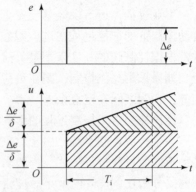

图 1 - 17　比例积分控制器的阶跃响应

第二种是以系统稳定性保持不变为前提，当 T_i 变化后必须相应调整比例度。

在相同的衰减比的情况下，积分时间对过渡过程的影响如图 1 - 18 所示。当缩短积分时间，加强积分控制作用时，克服余差的能力提高，但最大偏差增加，调节周期增长。这主要是因为控制器加入积分后，使控制系统的稳定性变差，为保持原系统的稳定性，必须将比例度增大，这样就出现了以上的结论。

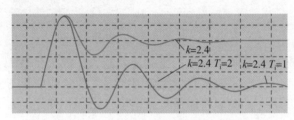

图 1 - 18　积分时间对过渡过程的影响

3. 积分饱和及其防止

具有积分作用的控制器，只要被调量与设定值之间有偏差，其输出就会不停地变化。如果由于某种原因（如阀门关闭、泵故障等），被调量偏差一时无法消除，然而控制器还是要试图校正这个偏差，结果经过一段时间后，控制器输出将达到某个限制值并停留在该值上，这种情况称为积分饱和。进入积分饱和的控制器，要等被调量偏差反向以后才慢慢从饱和状态退出，重新恢复控制作用。

积分饱和的限制一般要比使控制阀全开到全关的信号范围大得多。如气动控制阀的输入有效信号范围为 0.02 ~ 0.1 MPa，而气动控制器的积分饱和上限约等于气源压力（0.14 ~ 0.16 MPa），下限接近于大气压（即表压 0 MPa）。

为避免这种情况，应采取防止由于积分作用而使信号超越信号有效范围，这就是所谓的"防积分饱和"。

下面通过比例积分控制器传递函数，说明防积分饱和的基本原理。

$$u(s) = k_c\left(1 + \frac{1}{T_i s}\right)e(s) = \frac{T_i s + 1}{T_i s}k_c e(s)$$

或

$$u(s) = k_c e(s) + \frac{1}{T_i s + 1} u_B(s)$$

当 $u_B(s) = u(s)$ 时，上式是比例积分控制算式，控制器具有比例积分作用；当 $u_B(s) = 0$ 时，控制器输出 u 与偏差 e 成比例关系，这时由于积分控制作用不存在，就不会出现积分饱和现象。这种防止积分饱和的方法称为积分外反馈，即积分信号来自外部的信号，自行进行比例与比例积分调节规律切换。

由上述推论及图 1 – 19 可以看出利用限幅器切断了正反馈，输出 u 不会一直增长，从而避免出现积分饱和现象。

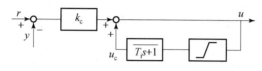

图 1 – 19　防积分饱和图示

1.3.3　比例积分微分控制 PID

对于温度控制其广义对象控制通道的时间常数较大，容积延迟较大时，应引入微分动作，工艺又不允许有余差，故选用比例积分微分作用（TY101 顶部燃料进料控制阀、TY102 底部燃料进料控制阀）。

PID 控制器的动作规律为

$$u = k_c e + s_0 \int_0^t e \, dt + s_2 \frac{de}{dt} \quad 或 \quad u = \frac{1}{\delta}\left(e + \frac{1}{T_i}\int_0^t e \, dt + T_d \frac{de}{dt}\right)$$

PID 控制器的传递函数为

$$G_c(s) = \frac{1}{\delta}\left(1 + \frac{1}{T_i s} + T_d s\right)$$

对于 P、PI、PID 三种控制方法，都可以用 STEP7 中的 FB41 模块实现，但其参数的设置是一个关键。在这里采用经验法来整定参数，如表 1 – 2 所示。

表 1 – 2　经验法整定参数

系统	参数		
	$k_p/\%$	T_i/min	T_d/min
温度	20 ~ 60	3 ~ 10	0.5 ~ 3
流量	40 ~ 100		
压力	30 ~ 70	0.1 ~ 1	
水位	20 ~ 80	0.4 ~ 3	

在初步整定后，还可进行以下调整：

（1）增大比例系数 k_p，将加快系统的响应，余差变小，但使系统的稳定性变差。

（2）减小积分时间 T_i，将使系统的稳定性变差，使余差（静差）消除加快。

（3）增大微分时间 T_d，将使系统的响应加快，但 T_d 不能太大，否则会对扰动有敏感的响应，使系统稳定性变差。

1.3.4 手动控制

对于两个鼓风机要求的是手动控制，我们通过变频器来调速（HY101 鼓风机 16 - 1 变频调节、HY102 鼓风机 16 - 2 变频调节）。在设计时依旧采用了 STEP7 FB41 模块，只是把它设成手动模式。调节范围为 0 ~ 100%，分别对应变频器的 0 ~ 50 Hz。

1.3.5 前馈 - 反馈控制炉膛负压

为了防止炉膛内火焰或烟气外喷，炉膛中要保持一定的微负压。炉膛负压控制系统中被控变量是炉膛压力（控制在负压），操纵变量是引风量。当锅炉负荷变化不大时，可采用单回路控制系统。当锅炉负荷变化较大时，应引入扰动量的前馈信号，组成前馈 - 反馈控制系统。当锅炉负荷变化较大，蒸汽压力的变动也较大时，可引入蒸汽压力的前馈信号，组成如图 1 - 20 所示的前馈 - 反馈控制系统（PY101 引风机频率控制）。

若扰动来自送风机时，送风量随之变化，引风量只有在炉膛负压产生偏差时，才由引风调节器去调节，这样引风量的变化落后于送风量，必然造成炉膛负压的较大波动。为此可引入送风量的前馈信号，构成如图 1 - 21 所示的前馈 - 反馈控制系统框图。这样可使引风调节器随送风量协调动作，使炉膛负压保持恒定。

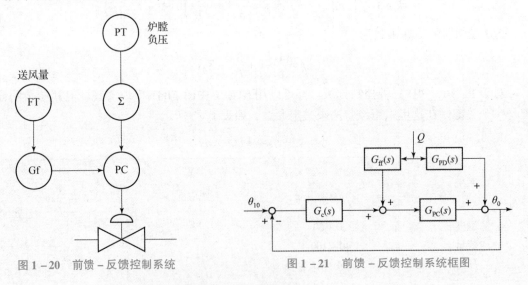

图 1 - 20　前馈 - 反馈控制系统　　　　　图 1 - 21　前馈 - 反馈控制系统框图

图 1 - 21 所示前馈 - 反馈控制系统的传递函数为

$$\frac{\theta_0(s)}{Q(s)} = \frac{G_{PD}(s)}{1 + G_c(s)G_{PC}(s)} + \frac{G_{ff}(s)G_{PC}(s)}{1 + G_c(s)G_{PC}(s)}$$

应用不变性原理条件：当 $Q(s) \neq 0$ 时，要求 $\theta_0(s) = 0$，代入上式，可导出前馈控制器的传递函数为

$$G_{ff}(s) = -\frac{G_{PD}(s)}{G_{PC}(s)}$$

前馈－反馈控制系统具有以下优点：

从前馈控制角度，由于增添了反馈控制，降低了对前馈控制模型的精度要求，并能对未选作前馈信号的干扰产生校正作用。

从反馈控制角度，由于前馈控制的存在，对干扰做了及时的粗调，大大减小了控制的负担。

1.3.6　系统的改进方向

采用的控制策略满足了厂方的要求，在其后类同的系统中我们考虑到更安全、更节能、更减排及进一步提高生产效率提出了一些改进措施。这些改进措施只是在控制策略及程序上的变化，企业的投入并未增加。

1. 锅炉汽包水位控制

对于锅炉汽包水位控制我们考虑未来采用自校正模糊 PID 的汽包三冲量水位控制。锅炉汽包水位高度是确保生产的重要参数。特别是对现代工业生产来说，汽包容积相对减小，水位变化速度很快，稍不注意即造成汽包满水或烧干锅，无论满水还是缺水都会造成极其严重的后果。因此，主要从汽包内部的物料平衡考虑，使给水流量适应锅炉的蒸汽流量，维持汽包水位在工艺允许范围内。这是保证锅炉安全运行的必要条件之一，是锅炉正常运行的重要指标。因而，此控制系统的被控变量为汽包水位，操纵变量为给水流量。主要考虑汽包内部的物料平衡，使给水流量适应蒸汽流量，维持汽包水位在工艺要求的范围之内。

1）汽包水位的动态特性分析

影响汽包水位的因素有汽包（包括循环水管）中储水量和水位下气泡容积。而水位下气泡容积与锅炉的蒸汽负荷、蒸汽压力、炉膛热负荷等有关。锅炉汽包水位主要受到自然循环锅炉蒸汽流量 D 和给水流量 W 的影响。

一是干扰通道的动态特性——蒸汽负荷对水位的影响。

在蒸汽流量 D（即负荷增大或减小）的阶跃干扰下，汽包水位的阶跃响应曲线如图 1－22 所示。锅炉汽包水位 H 对干扰输入蒸汽流量 D 的传递函数可以描述为

$$\frac{H(s)}{D(s)} = \frac{H_1(s)}{D(s)} + \frac{H_2(s)}{D(s)} = -\frac{k_f}{s} + \frac{k_2}{T_2 s + 1}$$

式中，k_f 为响应速度，即蒸汽流量做单位流量变化时，汽包水位的变化速度；k_2 和 T_2 分别为响应曲线 H_2 的增益和时间常数。

根据物料守恒关系，当蒸汽流量突然增加而燃料量不变的情况下，汽包内的水位应该是降低的。但是由于蒸汽流量突然增加，瞬时必导致汽包内压力下降，因此水的沸点降低，汽包

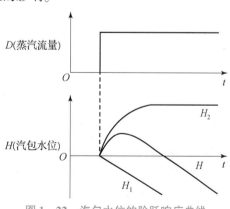

图 1－22　汽包水位的阶跃响应曲线

内水的沸腾突然加剧,水的气泡迅速增加,将整个水位提高,即蒸汽流量突然增加对汽包水位不是理论上的降低而是升高,这就是所谓的"假水位"现象。

当蒸汽流量突然增加时,由于"假水位"现象,开始水位先上升后下降,如图 1 - 22 中曲线 H 所示。当蒸汽流量阶跃变化时,根据物料平衡关系,蒸汽流量大于给水流量,水位应下降,如图 1 - 22 中的曲线 H_1 所示。曲线 H_2 是只考虑水位下气泡容积变化时的水位变化曲线。而实际水位变化曲线 H 是 H_1 与 H_2 的叠加,即 $H = H_1 + H_2$。对于蒸汽流量减少时同样可用上述方法进行分析。

"假水位"变化幅度与锅炉规模有关,因此在实际运行中选择控制方案时应将其考虑在内。

二是控制通道的动态特性——给水流量对汽包水位的影响。

给水流量 W 做阶跃变化时,锅炉水位 H 的响应曲线如图 1 - 23 所示,可以用下列传递函数描述:

$$\frac{H(s)}{W(s)} = \frac{k_0}{s} e^{-\tau s}$$

式中,k_0 为响应速度,即给水流量做单位流量变化时,水位的变化速度;τ 为滞后时间。

当给水流量增加时,由于给水温度必然低于汽包内饱和水温度,因而需要从饱和水中吸收部分热量,因此导致汽包内的水温降低,使汽包内水位下的气泡减少,从而导致水位下降,只有当水位下气泡容积变化达到平衡后,给水流量才与水位成比例增加。表现在响应曲线的初始段,水位的增加比较缓慢,可用时滞特性近似描述。给水流量做阶跃变化时锅炉水位 H 的响应曲线如图 1 - 23 所示。当突然加大给水流量时,汽包水位一开始并不立即增加而是需要一段惯性段,τ 为滞后时间,其中 H_0 为不考虑给水流量增加而导致汽包中气泡减少的实际水位变化。

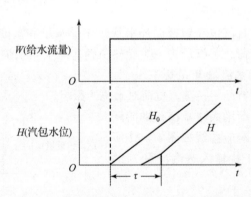

图 1 - 23 给水流量做阶跃变化时锅炉水位 H 的响应曲线

2)汽包水位的三冲量控制

锅炉汽包水位的控制系统中,被控变量为汽包水位,操纵变量为给水流量。主要的干扰变量有以下四个来源:

(1)给水方面的干扰,如给水压力、减温器控制阀开度变化等。

(2)蒸汽流量的干扰,包括管路阻力变化和负荷设备控制阀开度变化等。

(3)燃料量的干扰,包括燃料热值、燃料压力、含水量等。

（4）汽包压力变化，通过汽包内部汽水系统在压力升高时的"自凝结"和压力降低时的"自蒸发"影响水位。

这里我们采用三冲量水位控制系统。

图 1-24 所示为前馈与串级控制组成的复合控制系统。与双冲量水位控制系统相比，设置了串级副环，将给水流量、蒸汽流量等扰动引入串级控制系统的副环。因此，扰动能够被副环克服。从系统的安全角度来考虑，三冲量控制方案亦能够维持汽包水位在工艺允许范围内，基本能克服系统中存在的"假水位"现象。

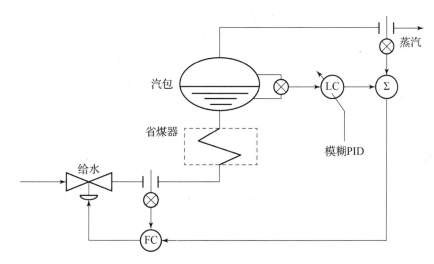

图 1-24　前馈与串级控制组成的复合控制系统

图 1-25 所示为三冲量控制系统框图，则前馈补偿模型为

$$G_{ff}(s) = -\frac{G_{PD}(s)G_{m2}(s)}{G_{p1}(s)}$$

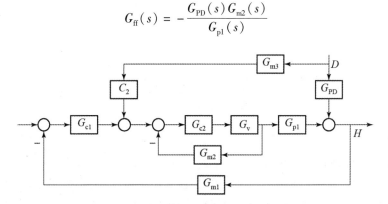

图 1-25　三冲量控制系统框图

式中，蒸汽流量和给水流量的检测变送环节因动态响应快，其传递函数 $G_{m3}(s)$、$G_{m2}(s)$ 可分别以静态增益 k_{m3}、k_{m2} 表示，则 k_{m3} 和 k_{m2} 可分别按下式计算：

$$k_{m3} = \frac{z_{max} - z_{min}}{Q_{Smax}}$$

$$k_{m2} = \frac{z_{max} - z_{min}}{Q_{Wmax}}$$

假设采用气开阀，C_2 就取正值。令 $G_{ff}(s) = C_2 k_{m3}$，当考虑静态前馈时，有

$$C_2 k_{m3} = \frac{k_f}{k_0} k_{m2} = \frac{\Delta Q_W}{\Delta Q_S} k_{m2} = \alpha k_{m2}$$

得

$$C_2 = \frac{\alpha k_{m2}}{k_{m3}} = \alpha \frac{Q_{Smax}}{Q_{Wmax}}$$

若控制通道和扰动通道的动态特性不一致时，可采用动态前馈控制规律。此时，将系统框图中的 C_2 表示为 $G'_{ff}(s)$。假如副回路跟踪很好，可近似为 $1:1$ 的环节。

根据不变性原理，得到动态前馈控制器的控制规律为

$$G'_{ff}(s) = -\frac{G_{PD}(s)}{G_{p1}(s) G_{m3}(s)} = \frac{Q_{Smax}}{z_{max} - z_{min}} \cdot \left(\frac{k_f}{k_0} - \frac{k_d s}{T_2 s + 1} \right) e^{\tau s}$$

式中，$k_d = \dfrac{k_2}{k_0}$。实际应用时，通常有 $k_0 = k_f$。$e^{\tau s}$ 无法物理实现，实际动态前馈控制器的控制规律近似为

$$G'_{ff}(s) \approx K \left(1 - \frac{k_d s}{T_2 s + 1} \right)$$

式中，K 为蒸汽流量检测变送环节增益的倒数，通常为 1。因此，实际实施时可采用蒸汽流量信号的负微分与蒸汽流量信号之和作为动态前馈信号。

3) 融入在线自校正模糊 PID 的汽包三冲量水位控制

为了进一步解决非线性、大时滞等问题，在上述三冲量水位控制基础上融入了模糊控制，形成在线自校正模糊 PID 的汽包三冲量水位控制，如图 1-26 所示。

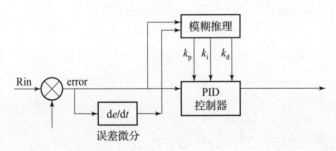

图 1-26　模糊 PID 三冲量结构

一是 PID 参数模糊自适应控制器设计。

模糊控制是一种应用模糊集合、模糊语言变量和模糊逻辑推理知识，模拟人的模糊思维方法，对复杂系统实行控制的智能控制系统。模糊控制不需要事先知道对象的数学模型，具有系统响应快、超调小、过渡过程时间短等优点。自校正 PID 模糊控制用具有良好特性的模糊控制器取代了常规 PID 控制器，使得可以对 PID 参数进行在线修改，从而使被控对象有更好的性能。模糊在线自校正 PID 参数控制器原理为根据偏差的绝对值、偏差和的绝对值以及偏差变化率的绝对值的大小和调整时间的长短，不断地在线修正 PID 参数 K_p、K_i、K_d。即以汽包水位的误差 e 和误差变化量 e_c 作为模糊控制器的输入量，以满足不同 e 和 e_c 对控制器参数的不同要求，根据模糊合成推理设计 PID 参数的模糊矩阵表，查出修正参数，再代入下式计算：

$$K_p = \Delta K_p + K_p^*$$

$$K_i = \Delta K_i + K_i^*$$

$$K_d = \Delta K_d + K_d^*$$

式中，K_p、K_i、K_d 为 PID 3 个控制参数的取值；K_p^*、K_i^*、K_d^* 为 PID 参数基准值；ΔK_p、ΔK_i、ΔK_d 为 PID 参数校正值。PID 控制器的输出值 u 到锅炉给水流量调节器。

二是隶属度函数的建立。

选取汽包水位偏差 $E(k)$、偏差和 $\Sigma E(k) = E(k) + E(k-1)$ 及偏差变化 $E_c(k) = E(k) - E(k-1)$ 为在线自校正环节的输入语言变量，ΔK_p、ΔK_i 及 ΔK_d 为输出语言变量。模糊化过程是通过比例变换因子将采样获得的具体值论域变换到模糊语言变量论域。设误差 e 的基本论域为 $[-e_1, e_1]$，误差变化 e_c 的基本论域为 $[-e_2, e_2]$，各自的模糊语言变量论域为 $[-n, n]$ 和 $[-m, m]$，则量化因子为 $K_e = nPe_1$，$K_{ec} = mPe_2$。在这里，它们的模糊子集都取为 7 个值：{NB，NM，NS，ZO，PS，PM，PB}。相应的模糊论域为：$E(k)$、$\Sigma E(k)$、$E_c(k) = \{-3, -2, -1, 0, 1, 2, 3\}$，$\Delta K_p$，$\Delta K_d = \{-3, -2, -1, 0, 1, 2, 3\}$，$\Delta K_i = \{-0.6, -0.4, -0.2, 0, 0.2, 0.4, 0.6\}$。$\Delta K_p$、$\Delta K_d$、$\Delta K_i$ 隶属度函数如图 1-27 及图 1-28 所示。

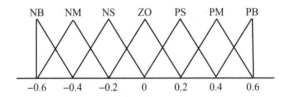

图 1-27　ΔK_p、ΔK_d 隶属度函数

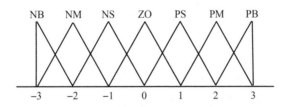

图 1-28　ΔK_i 隶属度函数

三是建立模糊控制规则。

（1）当 e 较大时，为使系统具有较好的跟踪性能，应取较大的 K_p 值与较小的 K_d 值，同时为了避免系统响应出现较大的超调，应对积分作用加以限制，通常取 $K_i = 0$。

（2）当 e 和 e_c 中等大小时，为使系统具有较小的超调，K_p 值应取得小些。在这种情况下，K_d 的取值对系统的影响较大，应取得小些；K_i 的取值要适当。

（3）当 e 较小时，为使系统具有较好的稳定性能，K_p 值与 K_i 值均应取得大些，同时为避免系统在设定值出现振荡，并考虑系统抗干扰性能，当 e_c 较大时 K_d 值可取得小些；当 e_c 较小时 K_d 值可取得大些。

根据这些经验原则，可以归纳出参数模糊控制规则，如表 1-3～表 1-5 所示。

表 1-3　ΔK_p 模糊控制规则

ΔK_p　E / E_c	NB	NM	NS	ZO	PS	PM	PB
NB	PB	PB	PM	PM	PS	ZO	ZO
NM	PB	PB	PM	PS	PS	ZO	NS
NS	PM	PM	PM	PS	ZO	NS	NS
ZO	PM	PM	PS	ZO	NS	NM	NM
PS	PS	PS	ZO	NS	NS	NM	NM
PM	PS	ZO	NS	NM	NM	NM	NB
PB	ZO	ZO	NM	NM	NM	NB	NB

表 1-4　ΔK_i 模糊控制规则

ΔK_i　E / E_c	NB	NM	NS	ZO	PS	PM	PB
NB	NB	NB	NM	NM	NS	ZO	ZO
NM	NB	NB	NM	NS	NS	ZO	ZO
NS	NM	NM	NS	NS	ZO	PS	PS
ZO	NM	NM	NS	ZO	PS	PM	PM
PS	NM	NS	ZO	NS	PS	PM	NM
PM	ZO	ZO	PS	PS	PM	PB	PB
PB	ZO	ZO	PS	PM	PM	PB	PB

表 1-5　ΔK_d 模糊控制规则

ΔK_d　E / E_c	NB	NM	NS	ZO	PS	PM	PB
NB	PS	NS	NB	NB	NB	NM	PS
NM	PS	NS	NB	NM	NM	NS	ZO
NS	ZO	NS	NM	NM	NS	NS	ZO
ZO	ZO	NS	NS	NS	PS	PM	ZO
ZO	ZO	ZO	ZO	ZO	ZO	ZO	ZO
PM	PB	PS	PS	PS	PS	PS	PB
PB	PB	PM	PM	PM	PS	PS	PB

最后，根据汽包水位的误差 e 和误差变化量 e_c，直接查找模糊控制规则表得出校正量，用重心法将其去模糊，转化换清晰量，分别乘以量化因子求得最终结果 ΔK_p、ΔK_i、ΔK_d，将其与 PID 基准值 K_p^*、K_i^*、K_d^* 分别相加得到 PID 参数 K_p、K_i、K_d，然后按照常规的 PID 运算计算控制器输出量到给水流量调节器。

采用在线自校正模糊 PID 的汽包三冲量水位控制，在偏差较大时使 K_p 值增大，提高了系统的响应时间，在中间过程抑制了系统响应出现的超调，在接近稳态时 K_p 值、K_i 值增大，K_d 值减小，使系统缩短了稳态时间，抑制了振荡。因此在负荷大幅变化时与传统的 PID 控制器相比，控制精度高，动态性能好，而且参数整定方便。

2. 锅炉进料量控制

对于锅炉进料量控制考虑采用变比值和双串级控制。焚烧温度是整个废液焚烧工艺的关键，该企业废液是酸性废液，其含氯值较高，焚烧温度要求超出了一般的 800 ~ 1 200 ℃，达到了 1 350 ℃，一般都是选炉膛温度为被控变量，选用燃气量作为操作变量，可组成单回路控制系统。但是温度属于大惯性环节，控制通道的滞后时间和时间常数都较大，此单回路控制系统往往不能满足要求。为此计划融入串级剔除燃气流量的干扰，相信能有效地解决焚烧温度控制的难点问题。

空气过剩量的控制。有不少焚烧控制系统对空气量仅仅采用开环控制，纯粹依靠操作者的经验手动调节进气量。这样操作，如果空气过剩量过小，会增加燃气的消耗，增加焚烧成本，更重要的是不完全燃烧增加了碳排放量，产生严重的二次污染；如果空气过剩量大，还会造成副反应，含氯有机物焚烧，在高温下氯化氢会被氧化成氯气，更严重的是容易熄火，造成严重事故。我们计划采用变比值控制，使燃气和空气进气量按比值进入，同时引入烟气中的含氧量作为比值系数的依据，达到燃气和空气流量的最优比值。相信该系统不仅能够保证在稳定工况下空气和燃气在最佳比值，而且在动态过程中能够尽量维持空气、燃气配比在最佳值附近，真正做到"节能、减排"。

3. 串级控制

1）串级控制分析

串级调节系统的结构特点：两个调节器、两个变送器、一个调节阀，主调节器的输出作为副调节器的给定值，副调节器输出到调节阀。

串级调节系统框图如图 1 – 29 所示。

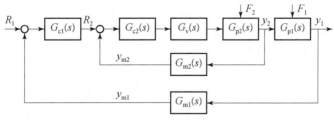

图 1 – 29　串级调节系统框图

主参数（主被控变量 y_1）：生产工艺过程中主要控制的工艺指标，在串级调节系统中起主导作用的那个被调参数即主参数。

副参数（副被控变量 y_2）：影响主参数的主要变量和中间变量。

主被控对象（$G_{p1}(s)$）：为生产中所要控制的，由主参数表征其主要特性的工艺生产设备。一般指副参数测量点到主参数测量点的全部工艺设备。

副被控对象（$G_{p2}(s)$）：调节阀到副参数测量点之间的工艺设备。

主调节器（$G_{c1}(s)$）：在系统中起主导作用，为恒定主参数设置的调节器。主调节器按主参数与给定值的偏差而动作，其输出作为副参数的给定值。

副调节器（$G_{c2}(s)$）：给定值由主调节器的输出决定，输出直接控制阀门。

主回路：把副回路等效起来看的整个回路。

副回路：断开主环时，由副调节器、调节阀、副对象、副测量元件组成的内环。

干扰作用于副回路状态框图如图 1 - 30 所示。

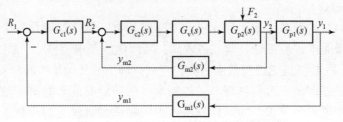

图 1 - 30　干扰作用于副回路状态框图

当干扰进入副回路，由于主、副回路的共同作用，使副调节器的给定与测量两方面变化加在一起，加速了克服干扰的能力。

干扰作用于主回路状态框图如图 1 - 31 所示。

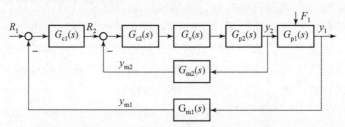

图 1 - 31　干扰作用于主回路状态框图

这种调节方式虽然从工作频率来说要比单回路高得多，调节时间大大缩短，但最大偏差往往比较大。所以说串级调节系统最适合的设计，应是将主要干扰包含在副回路内。

总之，引入副回路有两个目的：

（1）取主要干扰为副参数，起镇定输入参数的作用。

（2）取中间变量为副参数，起预报主参数变化的作用。

串级控制与单回路对比如图 1 - 32 所示。

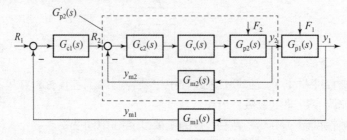

图 1 - 32　串级控制与单回路对比

习惯上把 $G_{c2}(s)$、$G_v(s)$、$G_{p2}(s)$、$G_{m2}(s)$ 构成的回路称为副回路；把主调节器 $G_{c1}(s)$、副回路等效传递函数 $G'_{p2}(s)$、主被控对象 $G_{p1}(s)$、主检测变送器 $G_{m1}(s)$ 构成的回路称为主回路。

由于副回路的存在改善了副对象特性，从而提高了系统的工作频率。

因为

$$G'_{p2}(s) = \frac{\dfrac{K_{c2}K_vK_{p2}}{1+K_{c2}K_vK_{p2}}}{\dfrac{T_{p2}}{1+K_{c2}K_vK_{p2}}s+1} = \frac{K'_{p2}}{T'_{p2}s+1}$$

式中，

$$T'_{p2} = \frac{T_{p2}}{1+K_{c2}K_vK_{p2}}; \quad K'_{p2} = \frac{K_{c2}K_vK_{p2}}{1+K_{c2}K_vK_{p2}}$$

又因为

$$1+K_{c2}K_vK_{p2} \gg 1$$

所以 $T'_{p2} \ll T_{p2}$；K'_{p2} 略小于 K_{p2}。

副回路等效放大系数 K'_{p2} 一般整定为1，整个副回路最好整定为 $1:1$ 随动系统。

下面证明 $\omega_{c\text{串}} < \omega_{c\text{单}}$。

（1）串级系统，图 1-31 所示框图的闭环传递函数：

$$\frac{Y(s)}{R(s)} = \frac{G_{c1}(s)G'_{p2}(s)G_{p1}(s)}{1+G_{c1}(s)G'_{p2}(s)G_{p1}(s)G_{m1}(s)}$$

对应的闭环特征方程：$1+G_{c1}(s)G'_{p2}(s)G_{p1}(s)G_{m1}(s)=0$

设 $G_{c1}(s)=K_{c1}$；$G_{c2}(s)=K_{c2}$；$G_v(s)=K_v$；$G_{m1}(s)=K_{m1}$；$G_{m2}(s)=K_{m2}$；$G_{p1}(s)=\dfrac{K_{p1}}{T_{p1}s+1}$；$G_{p2}(s)=\dfrac{K_{p2}}{T_{p2}s+1}$，则可得

$$1+K_{c1}\frac{K'_{p2}}{T'_{p2}s+1}\cdot\frac{K_{p1}}{T_{p1}s+1}K_{m1}=0$$

即

$$(T'_{p2}s+1)(T_{p1}s+1)+K_{c1}K'_{p2}K_{p1}K_{m1}=0$$

或

$$T'_{p2}T_{p1}s^2+(T'_{p2}+T_{p1})s+1+K_{c1}K'_{p2}K_{p1}K_{m1}=0$$

标准二阶振荡系统为 $s^2+2\zeta\omega_0s+\omega_0^2=0$

将其化为标准型

$$s^2+\frac{T'_{p2}+T_{p1}}{T'_{p2}T_{p1}}s+\frac{1+K_{c1}K'_{p2}K_{p1}K_{m1}}{T'_{p2}T_{p1}}=0$$

比较得

$$2\zeta\omega_{0\text{串}} = \frac{T'_{p2}+T_{p1}}{T'_{p2}T_{p1}}$$

（2）单回路状态框图如图 1-33 所示。

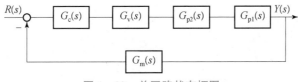

图 1-33　单回路状态框图

$$\frac{Y(s)}{R(s)} = \frac{G_c(s)G_v(s)G_{p2}(s)G_{p1}(s)}{1+G_c(s)G_v(s)G_{p2}(s)G_{p1}(s)G_m(s)}$$

对应的单回路闭环特征方程为

$$1+G_{c1}(s)G_v(s)G_{p2}(s)G_{p1}(s)K_{m1}=0$$

代入各设定项，得

$$s^2 + \frac{T_{p1} + T_{p2}}{T_{p1} T_{p2}} s + \frac{1 + K_{c1} K_v K_{p2} K_{p1} K_{m1}}{T_{p1} T_{p2}} = 0$$

$$2\zeta\omega_{0\text{单}} = \frac{T_{p1} + T_{p2}}{T_{p1} T_{p2}}$$

比较得（在相同的衰减比 ζ 条件下）

$$\frac{2\zeta\omega_{0\text{串}}}{2\zeta\omega_{0\text{单}}} = \frac{(T_{p1} + T'_{p2})/T_{p1} T'_{p2}}{(T_{p1} + T_{p2})/T_{p1} T_{p2}} = \frac{1 + (T_{p1}/T'_{p2})}{1 + (T_{p1}/T_{p2})} > 1$$

由上式可得 $\omega_{0\text{串}} > \omega_{0\text{单}}$，即 $\omega_{c\text{串}} > \omega_c (\omega_c = \omega_0 \sqrt{1 - \zeta^2})$。

串级由于副回路存在，对于进入副回路的干扰具有较强的抗干扰能力。

根据串级调节系统框图，干扰作用于副回路的闭环传递函数为

$$\frac{Y_2(s)}{F_2(s)} = \frac{G_{p2}(s)}{1 + G_{c2}(s) G_v(s) G_{p2}(s) G_{m2}(s)}$$

而单回路控制中副环扰动的传递函数为

$$\frac{Y_2(s)}{F_2(s)} = G_{p2}(s)$$

可见，串级控制系统中进入副环扰动的等效扰动是单回路控制系统中进入副环扰动的 $1/[1 + G_{c2}(s) G_v(s) G_{p2}(s) G_{m2}(s)]$ 倍。静态时，其值为 $1/(1 + K_{c2} K_v K_{p2} K_{m2})$ 倍。

同样，串级控制系统在副环进入的扰动作用下，控制系统的余差为单回路控制系统余差的 $K_{c2}/(1 + K_{c2} K_v K_{p2} K_{m2})$ 倍。

因此，串级控制系统能迅速克服进入副回路扰动的影响，并使系统余差大大减小。

系统的鲁棒性：

由于实际过程往往具有非线性和时变性，工艺操作条件变化引起对象特性变化（主要是放大系数 K_p 变化），从而使系统稳定性变差。

鲁棒性：当对象特性变化时，系统稳定性不变，即系统的调节品质对对象特性变化不敏感。串级调节系统由于副回路的存在具有鲁棒性，是指副对象（调节阀）的特性变化对整个调节系统影响不大，如图 1 – 34 所示。

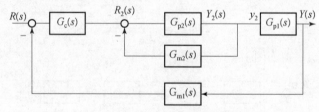

图 1 – 34　副对象对系统的影响

$$\frac{Y_2(s)}{R_2(s)} = \frac{G'_{p2}(s)}{1 + G'_{p2}(s) G_{m2}(s)}$$

设 $G'_{p2}(s) = K$，$G_{m2}(s) = \beta$ 且 $K\beta \gg 1$，

则

$$\frac{Y_2(s)}{R_2(s)} = \frac{K}{1 + K\beta} \approx \frac{1}{\beta}$$

例如，设 K 从 5 变化到 4，$\beta = 1$。

串级时：$\dfrac{Y(s)}{R(s)} = \dfrac{5}{1+5} \rightarrow \dfrac{4}{1+4}$，相对变化量 $= \dfrac{5/6 - 4/5}{5/6} \times 100\% = 4\%$。

单回路：相对变化量 $= \dfrac{5-4}{4} \times 100\% = 25\%$。

结论：对于同样的对象特性变化，串级受到的影响要远远小于单回路（4%≪25%）。

根据对以上分析的归纳，串级调节系统的特点为：

（1）迅速克服进入副回路的干扰。

（2）由于副回路对象特性的改善，对进入主回路的干扰也有较强的克服作用。

（3）串级调节系统的副回路对非线性环节的补偿具有鲁棒性，能适应负荷和操作条件的变化，具有一定的自适应能力。

（4）对流量控制系统实施精确的控制。

2）串级控制系统设计

一是副变量的选择。

从对象中能引出中间变量是设计串级系统的前提条件。当对象能有多个中间变量可引出时，就存在一个副变量如何选择的问题。副变量的选择原则是要充分发挥串级系统的优点。为此，我们总是希望：

（1）将主要干扰包括在副回路内。

（2）把更多干扰包括在副回路内。

（3）副对象的滞后不能太大，以保持副回路的快速响应性能。

（4）将副对象中具有显著非线性或时变特性的一部分归于副对象中。

（5）需要对流量实现精确的跟踪时，可选流量为副变量。

应该指出，以上几条都是从某个局部角度来考虑的，如（2）与（3）就相互矛盾，在具体选择时需要兼顾各种因素进行权衡。

二是主、副调节器调节规律的选择。

凡是设计串级控制系统的场合，对象特性总有较大的滞后，主调节器采用三作用 PID 控制规律是必要的。

而副回路是随动回路，允许存在余差。从这个角度来讲，副调节器不需要积分作用，一般只采用 P 作用。如当温度作副变量时，副调节器不宜加积分。这样可以将副回路的开环静态增益调整得较大，以提高克服干扰的能力；如果要加入微分作用，一定要采用"微分先行"，因为副回路是个随动系统，设定值是经常变化的，调节器的微分作用，会引起调节阀的大幅跳动，并引起很大的超调。但是如果副回路是流量（或液体压力）系统时，它们的开环静态增益、时间常数都较小，并且系统存在高噪声。因此在实际生产上，流量（或液体压力）副调节器常采用 PI 作用，以减少系统的波动。

3）串级系统投运及参数整定

一是系统投运。

和简单控制系统的投运要求一样，串级控制系统的投运过程也必须保证无扰动切换。采用先副回路后主回路的投运方式。具体步骤为：

（1）将主、副调节器切换开关都置于手动位置，副调节器处于外给定（主调节器始终为内给定）。

（2）用副调节器的手动拨盘操纵调节阀，使生产处于要求的工况（即主变量接近设定值，且工况较平稳）。这时可调整主调节器的手动拨盘，使副调节器的偏差表头指"零"，接着可将副调节器切换到自动位置。由于在手动状况，电动调节器的自动输出电流可以自动跟踪手动电流，所以这个切换过程会是无扰动的。

（3）假定在主调节器切换到"自动"之前，主变量偏差已接近"零"，则可稍稍修正主调节器设定值，使偏差为"零"，并将主调节器切换到"自动"，然后逐渐改变设定值使它恢复到规定值；假定在主调节器切换到"自动"之前，主变量存在较大偏差，一般的做法是手动操作主调节器输出拨盘，使这一偏差减小后再进行上述操作。

二是参数整定。

串级调节系统参数整定亦采用先副后主方式。因为副回路整定的要求较低，一般可参照单回路的方法来设置。有时为了更好发挥副回路的快速作用，控制作用可调得强一些（相应的衰减比可略小于 4∶1）。整定主调节器的方法与单回路控制时相同。

4）温度变量的串级控制（TY101 顶部燃料进料调节阀、TY102 底部燃料进料调节阀）

由于温度属于时间常数较大、惯性较大的变量，天然气流量的变化随阀门的开关变化较快、时间常数较小。在工业现场，往往不能保证天然气压力恒定，因此即使阀位不变，天然气流量也可能变化，从而影响反应温度。针对这种情况，我们计划采取"温度 - 流量"串级控制方式，如图 1 - 35 和图 1 - 36 所示。

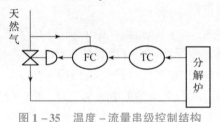

图 1 - 35　温度 - 流量串级控制结构

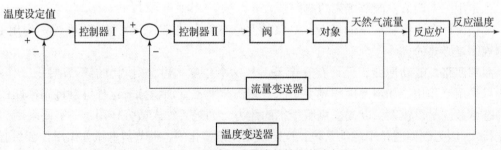

图 1 - 36　温度 - 流量串级控制状态框图

采用温度 - 流量串级控制可以有效地克服天然气流量的扰动，更好地保证了温度可控性。

4. 改用变比值控制串级控制

1）比值控制

实现串级调速后，可以对天然气流量有效控制，但是空气的进气量只是简单的开环控制，如果相比较空气进气量小则天然气燃烧不充分，除了耗能高之外还排出 CO 含量较高的尾气；反之，如果相比较空气进气量较大则容易导致熄火，造成安全事故影响生产。所以我们计划改用比值控制，保证天然气和空气比值合理，实现最佳燃烧。

比值控制保持两种或几种物料的流量比例关系，因此比值控制系统一般是指流量比值控制系统。在需要保持比值关系的两种物料中，必须有一种物料处于主导地位，这种物料称为主流量（主动物料），另一种跟随主流量变化的物料称为副流量（从动物料）。一般情况下，总是把生产中主要物料定为主动物料。但在有些场合为保证生产安全，以不可控物料为主动物料。

比值调节系统就是实现工艺要求的副流量与主流量成一定比值关系：

$$R = Q_2/Q_1$$

式中，R 为工艺要求的流量比值。

2）双闭环比值控制

首先增加两个流量检测，可以实现对空气流量的闭环控制，提高空气流量的稳定性和准确性。

为了既能使两流量的比值恒定，又能使进入系统的总负荷平稳，因此采用双闭环比值控制。对于上下两个鼓风机配合上下两个天然气进气实现两个双闭环比值控制，其结构和设计完全相同，我们只列举一个。

进入分解炉的天然气要求与空气成一定比例，另外还要求各自的流量比较稳定，所以设计了双闭环比值控制系统，如图 1 – 37 所示。

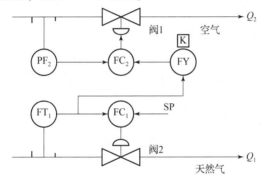

图 1 – 37 双闭环比值控制系统

双闭环比值控制系统的特点如下：

（1）要求主、副流量均比较稳定。

（2）主环的扰动对副环有影响，但进入副环的扰动不能影响主环。

（3）对于进入主流量对象的扰动可以通过自身克服。稳定工况下：$Q_1 R = Q_2$。动态情况下：设主流量变化，由于系统存在闭合回路控制，可使恢复到给定值，同时通过比值控制系统使副流量做相应的变化，保持两者的工艺比值不变。

实现以上双闭环控制就可以有效实现对温度稳定、准确控制。

3）变比值控制系统

当系统中存在着除流量干扰以外的其他干扰时，原来设定的比值计算参数就不能保证产品的最终质量，需要进行重新设置。但是，这种干扰往往是随机的，且干扰幅度又各不相同，无法用人工经常去修正比值计算参数。因此出现了按照某一工艺指标自动修正流量比值的变比值控制系统。

首先在尾气排放处加装 CO 成分检测，可以根据尾气 CO 的含量改变比值控制中的比值参数。

如图 1 - 38 所示，系统中出现除流量干扰外的其他干扰引起主参数变化时，通过主反馈回路使主控制器 AC 输出变化，修改两流量的比值，以保持主参数稳定。对于进入系统的主流量 Q_1 干扰，由于比值控制回路的快速随动跟踪，使流量按 $Q_2 = RQ_1$ 关系变化，以保持主参数稳定，起到了静态前馈作用。由于副流量本身的干扰，同样可以通过自身的控制回路克服，它相当于串级控制系统的副回路。因此这种变比值控制系统实质上是一种静态前馈加串级控制。

4）比值控制系统的投运及整定

比值控制系统投运前的准备工作及投运步骤与单回路控制系统相同。

在比值控制系统中，变比值控制系统因结构上是串级控制系统，因此主控制器按串级控制系统整定。

双闭环比值控制系统的主流量回路可按单回路

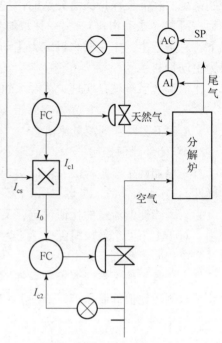

图 1 - 38　变比值控制系统

定值控制系统整定。因为副流量回路为一个随动系统，要快速跟踪主流量变化，衰减比应为 $n = 10 : 1$（振荡与不振荡边界）。

5）主副流量的逻辑提降

为了进一步改善在复合变化瞬间由于燃烧比变化产生黑烟的不完全燃烧现象，可采用主副流量的逻辑提降解决，如图 1 - 39 所示。

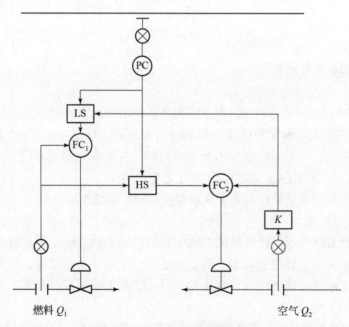

图 1 - 39　主副流量的逻辑提降

在比值调节系统中，有时生产负荷经常提量或降量，并且希望两流量之比始终保持大于（或小于）或等于所要求的比值，否则会影响生产。例如，在锅炉燃烧系统中，要求燃料与空气成一定比例加入，同时要求蒸汽负荷变化时（即蒸汽压力变化）改变燃料量与空气量的比值，使蒸汽负荷不变，即组成压力燃料带有逻辑提、降量的变比值控制系统。

要求实现的逻辑提、降量关系为：

当生产需要提量，由于生产负荷增大，需要加大燃烧能力时，要先加空气后加燃料，以防冒黑烟的动作过程：设温度受负荷增大影响降低时，温度调节器（反作用）输出增大，此时的压力调节器输出只通过高选器（不通过与低选器连通的燃料调节器），从而使空气流量调节器（正作用）给定值增大，空气调节器输出值减小，作用于空气流量调节阀（气关）开大，使空气流量先增大；空气流量增大后，压力调节器输出才通过低选器，使燃料调节器（反作用）给定值增大，燃料调节器输出增大，从而使燃料流量调节阀（气开）开度增大，燃料量后增加。

当生产需要降量（负荷减小），锅炉蒸汽压力超高时，要先减燃料后减空气以防冒黑烟的动作过程：设温度受负荷减小作用增大时，温度调节器（反作用）输出减小，通过低选器，使燃料调节器（反作用）给定值减小（此时压力调节器输出，不通高选器连通的空气流量调节器），使燃料调节器输出减小，从而燃料阀（气开）开度减小，燃料流量先减小。燃料流量减小后，压力调节器输出才通过高选器，使空气调节器给定值减小，空气调节器（正作用）输出增大，燃料调节阀（气关）开度减小，空气量随后减小。

如图1-39所示，控制系统满足了提量时先提空气量后提燃料量，减量时先减燃料量后减空气量的逻辑关系，保证了充分燃烧。

1.4 网络结构

本控制系统采用西门子SIMATIC PCS 7过程控制系统，PCS 7是一种模块化的基于现场总线的新一代过程控制系统，将传统的DCS与PLC控制系统的优点相结合，它是面向所有过程控制应用场合的先进过程控制系统。SIMATIC PCS 7系统所有的硬件都基于统一的硬件平台，可以根据需要选用不同的功能组件进行系统组态。所有的软件也都全部集成在SIMATIC程序管理器下，有统一的软件平台。

SIMATIC PCS 7采用上位机软件WinCC作为操作和监控。利用开放的现场总线和工业以太网实现现场信息采集和系统通信，采用S7自动化系统作为现场控制单元实现过程控制，以灵活多样的分布式I/O接收现场传感检测信号。

图1-40所示为选用SIMATIC PCS 7组建的控制系统网络拓扑结构。该系统的各个层级之间采用不同的通信方式，主要包括工业以太网、PROFIBUS现场总线、远程分布式I/O，从而构成了一个大型通信网络，实现上位机对现场的信息收集与处理，控制现场设备进行相应的动作。

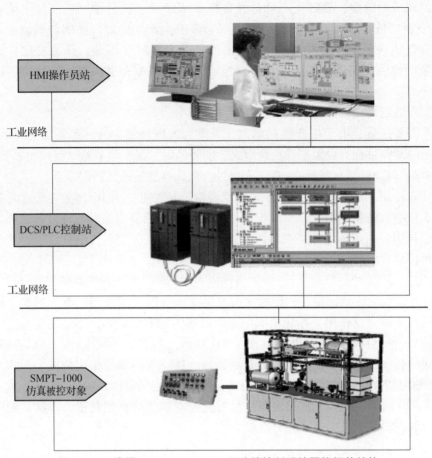

图 1 - 40 选用 SIMATIC PCS 7 组建的控制系统网络拓扑结构

控制系统结构根据可靠性高和开放性好的原则进行配置。为提高系统的可靠性，控制站采用 S7 - 300 PLC 冗余系统；为提高系统的开放性，网络结构采用监控和现场设备两层网络体系结构，监控层网络采用工业以太网，现场设备层网络采用 PROFIBUS - DP 分布式网络。

1.4.1 管理/监控层（STEP7、WinCC）

在工程师站 ES/操作员站 OS 中安装有本网络控制系统应用程序的开发平台 STEP7 和运行软件平台 WinCC。

STEP7 是基于 Windows NT 的 S7 - 300 的 PLC 标准软件包，通过 STEP7 用户可以进行系统的配置和程序的编写、调试，在线诊断 PLC 的硬件状态，控制 PLC 状态及接口信息。

WinCC 是基于 Windows NT 的面向对象的 32 位应用软件，它提供了基于生产过程的图形显示、信息处理、归档、报表等基本功能模块。WinCC 数据管理器采用结构化的数据存储方式，存储组态数据和过程数据，这种数据存储方式保证了无论是过程数据还是组态数据都可以准确无误地读取。基于 WinCC 的计算机图形显示界面的监控软件系统，需要在上位机中安装 WinCC 监控软件以及配套的通信卡，来实现 WinCC 和 PLC 之间的通信。在 PLC

的 CPU 模块上有一个标准化的基于 S7 协议的 MPI 口，通过该接口 PLC 可与上位计算机运行的 WinCC 进行数据传输，构成 MPI 网络。建立 WinCC 与 S7－300 PLC 之间通信的步骤如下：

（1）建立一个 WinCC 项目，然后添加 PLC 驱动程序（在 WinCC 中，驱动程序也指通道，通过它可在自动化系统和 WinCC 的变量管理器之间建立连接，以便能向 WinCC 变量提供过程值）。若建立一个多接口网络 MPI，则选择支持 S7 协议的通信驱动程序 SIMATIC S7 Protocol Suite. CHN。然后，在其中的"MPI"项下建立 PLC 连接，并且设置 MPI 地址等参数，MPI 地址必须与 PLC 中设置相同。这样便建立了 WinCC 和 PLC 之间的通信。

（2）在已经组态好的 S7－300 下设置标签，每个标签有 3 个设置项：标签名、数据类型、地址。地址是最重要的，它与 S7－300 中的具体地址一一对应。设置此地址可以直接利用 STEP7 中配置的变量表，将 S7－300 与 WinCC 需要通信的数据建立连接。

（3）根据工艺的要求，在图形编辑器中绘制出符合工艺流程的控制界面，并且通过报警记录编辑器组态报警。

1.4.2　工业以太网（PROFINET）

工业以太网符合国际标准 IEEE 802.3，是功能强大的区域和单元网络，它传输速率高，可达到 100 Mb/s，网络最大范围达 150 km，并且容易并入其他网络，便于网络的扩充，所以在管理级用工业以太网连接工程师站、管理员站和现场控制站。

本控制系统采用工业以太网 PROFINET。工业安装工艺、实时能力、分布式现场设备的集成、同步运动控制应用、简单网络管理与诊断、防止未授权访问、高效、跨供应商的工程与组态，以及高度的机器及工厂可用性，所有这些需求都可由 PROFINET 这一开放的、跨供应商的标准来实现。

（1）PROFINET 是实时以太网，PROFINET 基于集成的通信和实时技术，完全支持开放的 IT 标准及 TCP/IP。PROFINET 的实时功能适用于对信号传输时间有苛刻要求的场合，其响应时间可以和当前现场总线系统相媲美。

（2）PROFINET 网络的安装不需要专门的网络知识。除星形连接外，PROFINET 还支持总线型和环形结构，大大降低了布线费用，保证了高度的网络可用性。我们选用的布线方式是光线环网结构。

（3）对数据与通信技术来说，网络安全的重要性迅速提高。安全意味着保护系统免受恶意破坏的侵袭，防止对敏感数据的未授权访问。PROFINET 集成的安全概念，可以使自动化网络的安全风险降至最低，同时不会对生产造成不必要的影响。

（4）PROFINET 可以满足对人员、设备和环境的全面安全概念。借助于故障安全通信的标准行规 PROFIsafe，PROFINET 既可用于标准应用，也可用于故障安全应用，即使用一个网络满足各种需求。另外，可自由编程的安全逻辑采用标准工具来简化调试与编程。

1.4.3　现场总线（PROFIBUS）

PROFIBUS 是一种国际化、开放式、不依赖于设备生产商的现场总线标准，是一种用于工厂自动化车间级监控和现场设备层数据通信与控制的现场总线技术，可实现现场设备层到车间级监控的分布式数字控制和现场通信网络，从而为实现工厂综合自动化和现场设备智能化提供了可行的解决方案。与其他现场总线系统相比，PROFIBUS 的最大优点在于具有稳定的国际标准 EN50170 作保证，并经实际应用验证具有普遍性。PROFIBUS 由三个兼容部分组成，即 PROFIBUS – DP（Decentralized Peripherals）、PROFIBUS – PA（Process Automation）、PROFIBUS – FMS（Fieldbus Message Specification）。本控制系统的现场网络层选择 PROFIBUS – DP 现场总线。

PROFIBUS – DP 用于现场层的高速数据传送。主站周期地读取从站的输入信息并周期地向从站发送输出信息。总线循环时间必须要比主站（PLC）程序循环时间短。除周期性用户数据传输外，PROFIBUS – DP 还提供智能化设备所需的非周期性通信以进行组态、诊断和报警处理。

（1）传输技术：RS –485 双绞线、双线电缆或光缆。波特率 9.6 kb/s ~ 12 Mb/s。

（2）总线存取：各主站间令牌传递，主站与从站间为主 – 从传送，支持单主或多主系统。总线上站点（主 – 从设备）数为 126。

（3）通信：点对点（用户数据传送）或广播（控制指令）。循环主 – 从用户数据传送和非循环主 – 主数据传送。

（4）运行模式：运行、清除、停止。

（5）同步：控制指令允许输入和输出同步。同步模式：输出同步；锁定模式：输入同步。

（6）功能：DP 主站和 DP 从站间的循环用户有数据传送。各 DP 从站的动态激活和可激活。DP 从站组态的检查。强大的诊断功能，三级诊断信息。输入或输出的同步。通过总线给 DP 从站赋予地址。通过布线对 DP 主站（DPM1）进行配置，每 DP 从站的输入和输出数据最大为 246 字节。

（7）可靠性和保护机制：所有信息的传输按海明距离 HD = 4 进行。DP 从站带看门狗定时器。对 DP 从站的输入/输出进行存取保护。DP 主站上带可变定时器的用户数据传送监视。

（8）设备类型：第一类 DP 主站（DPM1）是中央可编程控制器，如 PLC、PC 等。第二类 DP 主站（DPM2）是可进行编程、组态、诊断的设备。DP 从站是带二进制值或模拟量输入输出的驱动器、阀门等。

1.4.4　控制层（S7 –300）

使用高效的工程工具 STEP7，模块化的组态编程降低维护费用（采用 MMC 微存储卡，无须后备电池，工程项目可以在 MMC 卡中归档，简单地更换 MMC 卡即可完成项目替换），故采用的是西门子 S7 –300 PLC。

S7 –300 是模块化的 PLC 系统，采用标准的以太网通信，每个控制器可以控制 2 048 个 I/O 口，其中模拟量 I/O 口的数量为 256 个。与上位机通信采用工业以太网，通信速率较高。现场设备和现场传感器分布集中且离上位机很近，可以选择直接把信号接到 CPU 所在的基站的 I/O 模块上，不需采用分布式远程 I/O。

1.5　S300PLC 主要模块参数及接线方式

1.5.1　中央处理单元

中央处理单元采用 CPU 315 – 2 DP，6ES7 315 – 2AG10 – 0AB0，1 块，如图 1 – 41 所示。

（1）具有中、大规模的程序存储容量和数据结构，如果需要，可以供 SIMATIC 功能工具使用。

（2）对二进制和浮点数运算具有较高的处理能力。

（3）PROFIBUS – DP 主站/从站接口。

（4）可用于大规模的 I/O 配置。

（5）可用于建立分布式 I/O 结构。

（6）CPU 运行需要微存储卡（MMC）。

这些模块的设计用于：

（1）环境温度 – 25 ~ + 70 ℃，允许有冷凝。

（2）适用于特殊介质负载的环境，如空气中含氯和硫。

图 1 – 41　中央处理单元

1.5.2　电源模块

电源模块采用的是 PS 307，2 A，6ES7 307 – 1BA80 – 0AA0，1 块，如图 1 – 42 所示。

接线图：

① "24 V DC 输出电压工作" 显示。

②电源选择器开关。

③24 V DC 开关。

④主干线和保护性导体接线端。

⑤24 V DC 输出电压接线端。

⑥张力消除。

属性：

①输出电流为 2 A。

②输出电压为 24 V DC，短路和断路保护。

③与单相交流电源连接（额定输入电压 120/230 V AC，50/60 Hz）。

④安全隔离符合 EN 60950。

⑤可用作负载电源。

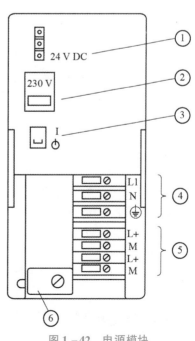

图 1 – 42　电源模块

1.5.3 数字输入模块

数字输入模块采用的是 SM 321，DI 32×DC 24 V，6ES7 321 –1BL00 –0AA0，1 块，如图 1 –43 所示。

接线图：

①通道号。

②状态显示——绿色。

③背板总线接口。

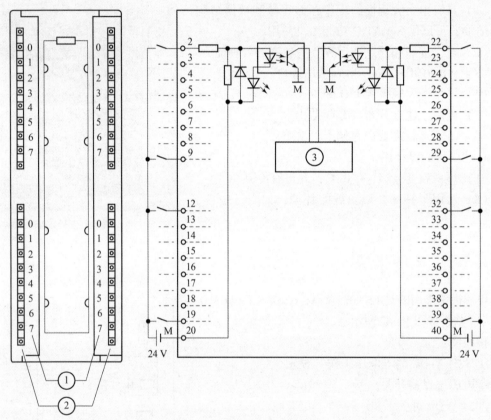

图 1 –43 数字输入模块

属性：

①32 点输入，电隔离为 16 组。

②额定输入电压 24 V DC。

③适用于开关以及 2 –/3 –/4 –线接近开关（BERO）。

1.5.4 继电器输出模块

继电器输出模块采用的是 SM 322，DO 8×Rel，AC 230 V，6ES7 322 –1HF01 –0AA0，2 块，如图 1 –44 所示。

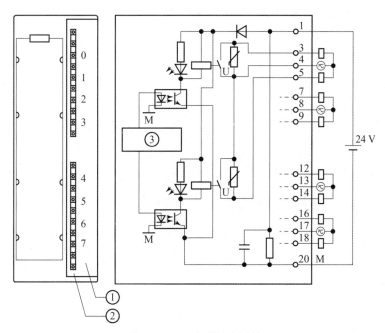

图1-44　继电器输出模块

接线图：

①通道号。

②状态显示——绿色。

③背板总线接口。

属性：

①8点输出，电隔离为2组。

②额定负载电压为24～120 V DC，48～230 V AC。

③适用于AC/DC电磁阀、接触器、电机启动器、FHP电机和信号灯。

1.5.5　模拟输入模块

模拟输入模块采用的是SM 331，AI 8×12位，6ES7 331-7KF02-0AB0，3块，如图1-45所示。

接线图：

2线制传感器4～20 mA D卡。

4线制传感器±3.2 mA、±10 mA、0～20 mA、4～20 mA、±20 mA C卡。

根据实际情况2块2线制D卡用于测量压力、流量、水位等，1块卡4线制C卡用于测量温度（有变送器）。

属性：

①4个通道组中的8点输入。

②在每个通道组，测量类型可编程：电压、电流、电阻、温度。

③每个通道组的分辨率均可编程（9/12/14位＋符号）。

④每个通道组的任意测量范围选择。

⑤可编程诊断和诊断中断。

⑥2 个通道的可编程限制值监视。

⑦超过限制值时的可编程过程中断。

⑧电隔离 CPU 和负载电压。

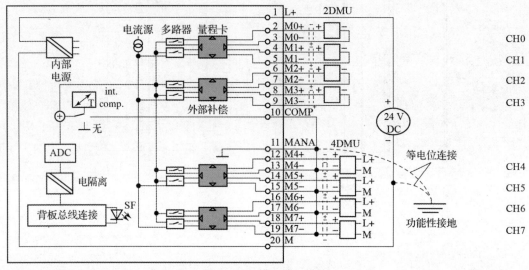

图 1 - 45 模拟输入模块

1.5.6 模拟输出模块

模拟输出模块采用的是 SM 332，AO 8 × 12 位，6ES7 332 - 5HF00 - 0AB0，2 块，如图 1 - 46 所示。

接线图：选用电流输出型。

①DAC。

②内部电源。

③等电位连接。

④功能性接地。

⑤背板总线接口。

⑥电隔离。

属性：

①一个组中 8 个输出。

②各个通道可以选择输出：电压输出、电流输出。

③分辨率 12 位。

④可编程诊断和诊断中断。

⑤可编程诊断中断。

⑥与背板总线接口和负载电压的电隔离。

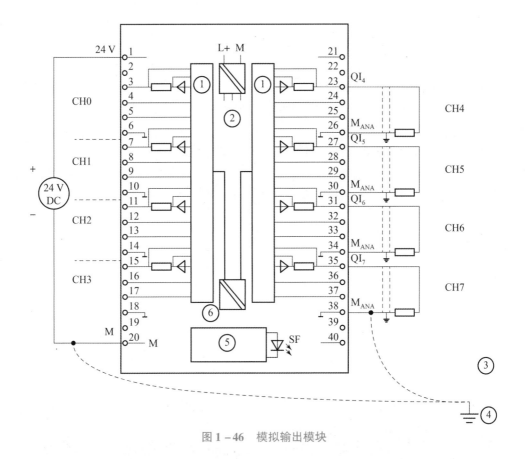

图 1-46　模拟输出模块

1.6　变送器的选用

检测变送环节的任务是对被控变量或其他有关参数做正确测量，并将它转换成统一信号（如 4~20 mA），测量变送环节的传递函数可表示为 $G_m(s)=\dfrac{k_m}{T_m s+1}e^{-\tau_m s}$，一般 $\tau_m\to0$，T_m 较小，为简化分析，有时也假设 $T_m\to0$，这样当 $k_m=1$ 时，可将控制系统看成单位反馈系统（控制理论中经常这样描述）。

检测变送环节需注意的两点：

（1）$k_m=\dfrac{\text{变送器输出范围}}{\text{测量范围}}$，因变送器采用模拟单元组合仪表，输出范围为定值（如 4~20 mA），则 k_m 与测量范围成反比，k_m 越大，测量范围越小，测量精度越高。

（2）变送器的输出值与测量值的关系。

线性变送时：$P_{\text{变送器输出}}=(\text{测量值}/\text{测量范围})(P_{\text{变送器输出最大值}}-P_{\text{变送器输出最小值}})+P_{\text{变送器输出最小值}}$。

非线性变送（差压法测流量）时：

$$P_{\text{变送器输出}}=(\text{测量值}/\text{测量范围})^2(P_{\text{变送器输出最大值}}-P_{\text{变送器输出最小值}})+P_{\text{变送器输出最小值}}。$$

1.6.1　关于测量误差

1. 仪表本身误差

k_m 增大可减小测量误差，但调节系统稳定性受影响，应与 k_c 配合。

2. 安装不当引入误差

例如，流量测量中，孔板装反；直管道不够；差压计引压管线有气泡等。

3. 测量的动态误差

例如，测温元件应尽量减小 T_m、k_m，成分分析应尽量减少 τ_m。

1.6.2　测量信号的处理

（1）对同周期性的脉动信号需进行低通滤波。

（2）对测量噪声需进行滤波。

（3）线性化处理。

1.6.3　传感器的具体选择

根据工艺要求，分别选择了如图 1–47～图 1–50 所示传感器。

图 1–47　温度检测传感器

图 1–48　流量检测传感器

图 1–49　压力检测传感器

图 1–50　水位检测传感器

1.7　阀门特性的选择

气动调节阀在过程控制工业中的使用最为广泛，气动执行器具有结构简单、动作可靠、性能稳定、维修方便、价格便宜、适用于防火防爆场合等特点，它不仅能与 QDZ 仪表配用，而且通过电 – 气转换器或阀门定位器与 DDZ 仪表配用。所以，气动调节阀广泛应用于石油、化工、冶金、电力、轻纺等工业部门，尤其适用于易燃易爆等生产场合。

1.7.1　选择合适的控制阀结构

常见的控制阀结构有直通单座控制阀、直通双座控制阀、隔膜控制阀、三通控制阀、角形控制阀、套筒式控制阀、蝶阀、球阀、凸轮挠曲阀。

直通单座控制阀内只有一个阀芯与阀座。其特点是结构简单、泄漏量小、易于保证关闭，甚至完全切断。但是当压差大时，流体对阀芯上下作用的推力不平衡，这种不平衡力会影响阀芯的移动。考虑到小口径、低压差的应用场合，实际情况多采用直通单座控制阀。

1.7.2　调节阀口径 C 值的选择

调节阀正常开度处于 15% ~85%，大于 90% 大开度（阀选小了）系统处于失控、非线性区；小于 10% 小开度（阀选大了）系统处于小开度，易振荡，同时易造成阀芯与阀座的碰撞，使调节阀损坏。

阀口径大小由流通能力 C 决定。C 值的定义：阀前后压差为 0.1 MPa，介质密度为 1 g/cm^3 时通过阀门的流体的质量流量，单位 t/h。实际中采用较小口径。

1.7.3　确定调节阀的气开与气关形式

依据：以调节阀失灵（膜头信号断开）时，阀门所处位置能保证正常安全生产，其结构示意图如图 1 – 51 所示。

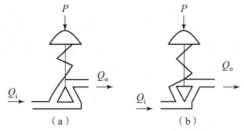

图 1 – 51　调节阀气开气关结构示意图

(a) 气开阀；(b) 气关阀

1.7.4　选择合适的流量特性

如图1-52所示，四种流量特性分别具有以下特点：

（1）直线流量特性。虽为线性，但小开度时，流量相对变化值大、灵敏度高、控制作用强、易产生振荡；大开度时，流量相对变化值小、灵敏度低、控制作用弱、控制缓慢。

（2）等百分比流量特性。放大倍数随流量增大而增大。所以，开度较小时，控制缓和平稳；大开度时，控制灵敏、有效。

（3）抛物线流量特性。在抛物线流量特性中，有一种修正抛物线流量特性，这是为了弥补直线特性在小开度时调节性能差的特点，在抛物线特性基础上衍生出来的。它在相对位移30%及相对流量20%以下为抛物线特性，超出以上范围为线性特性。

（4）快开流量特性。快开流量特性的阀芯是平板形的。它的有效位移一般是阀座的1/4，位移再大时，阀的流通面积就不再增大，失去了控制作用。快开阀适用于迅速启闭的切断阀或双位控制系统。

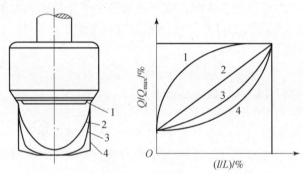

图1-52　流量特性
1—快开；2—直线；3—抛物线；4—等百分比

在具体选择调节阀的流量特性时，根据被控过程特性来选择调节阀的工作流量特性，其目的是使系统的开环放大系数为定值。若过程特性为线性，可选用线性流量特性的调节阀；若过程特性为非线性，应选用等百分比流量特性的调节阀。

在过程控制系统的工程设计中，既要解决理想流量特性的选取，也要考虑阻力比S值的选取：$S = \Delta P / \sum \Delta P$，式中，$\Delta P$为系统总压差；$\sum \Delta P$为阀、全部工艺设备和管路系统上的各压差之和。当$S > 1$且比较接近1时，可以认为理想特性与工作特性的曲线形状相近，此时工作特性选什么类型，理想特性就选相同的类型；当$S < 6$时，理想特性有显著变化。调节阀流量特性无论是线性的还是对数的，均应选择对数的理想流量特性。

被控对象可以分为流量、水位、温度、压力四个部分，根据不同对象的不同特性，采用不同的控制方法。流量、水位、压力滞后时间小、响应快、线性控制，一发生变化阀门马上要响应；温度响应较慢，需要加入微分特性。

1.7.5　执行器的具体选择

根据工艺要求，分别选择如图1-53~图1-56所示执行器。

图 1 - 53　进气流量调节阀

图 1 - 54　鼓风机、引风机变频输出

图 1 - 55　鼓风机

图 1−56　引风机

1.8　电气柜的设计

依据工艺控制要求，确立输入/输出后，针对具体情况设计如图 1−57 和图 1−58 所示的电气柜。

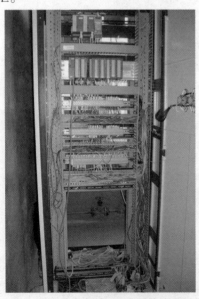

图 1−57　电气柜内 PLC 及接线端子

图 1−58　电气柜内电源及熔断器

根据设计要求，依据模拟量和数字量输入与输出通道数量，按照工作流程分别设计废液系统配置图、PLC 柜（废液）安装示意图、系统配置图、供电系统原理接线图、PLC I/O 模板原理接线图、继电器接线图、端子接线图、（废液）柜设备表、安装板，如图 1−59 ~ 图 1−79 所示。

序号	图名	图号	页数	幅面	备注
1	目录		1页	4#	
2	废液系统配置图		1页	4#	
3	PLC柜（废液）安装示意图		1页	4#	
4	系统配置图		1页	4#	
5	供电系统原理接线图		1页	4#	
6	PLC I/O模板原理接线图		8页	4#	
7	继电器原理接线图		2页	4#	
8	端子接线图		4页		
9	（废液）柜设备表		1页		
10	安装板		1页		
11					
12					
13					
14					
15					
16					
17					
18					
19					
20					
21					
22					
23					
24					
25					
26					
27					

设计
制图
校对
工艺
审批

西安职业技术学院

目录

PLC柜（废液）

图号

共1页　第1页

图1-59　PLC柜（废液）目录

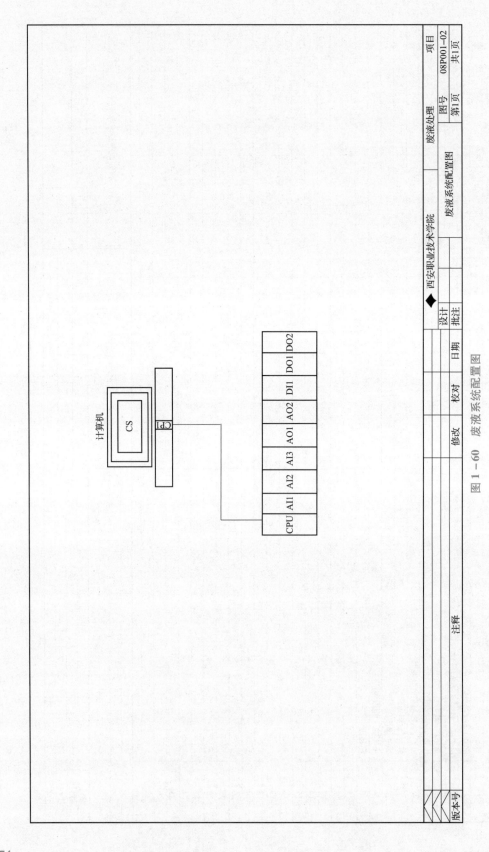

图 1 - 60　废液系统配置图

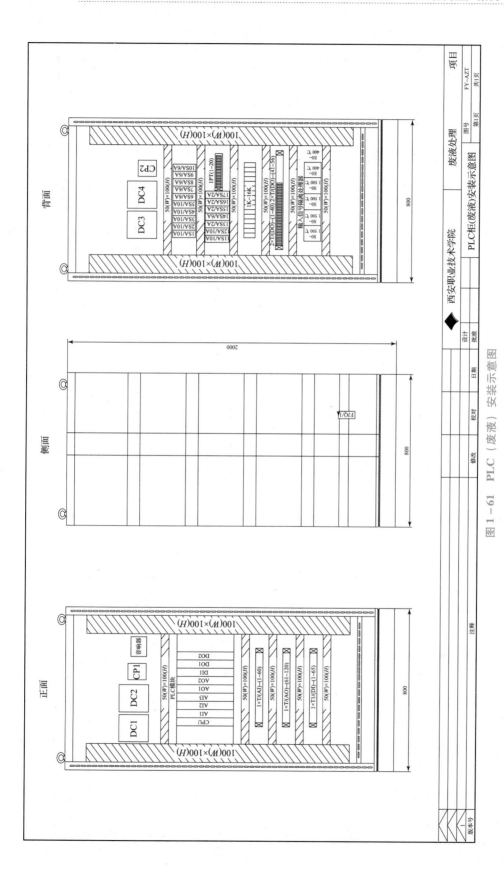

图1-61 PLC（废液）安装示意图

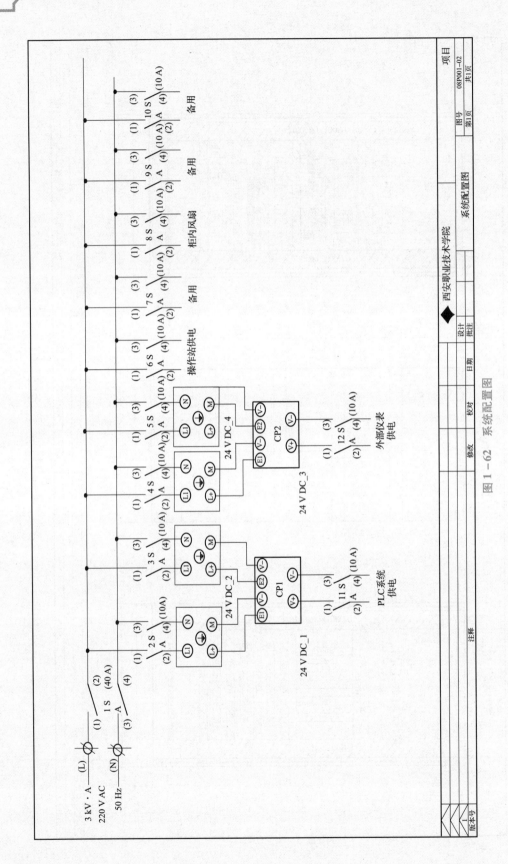

图 1-62 系统配置图

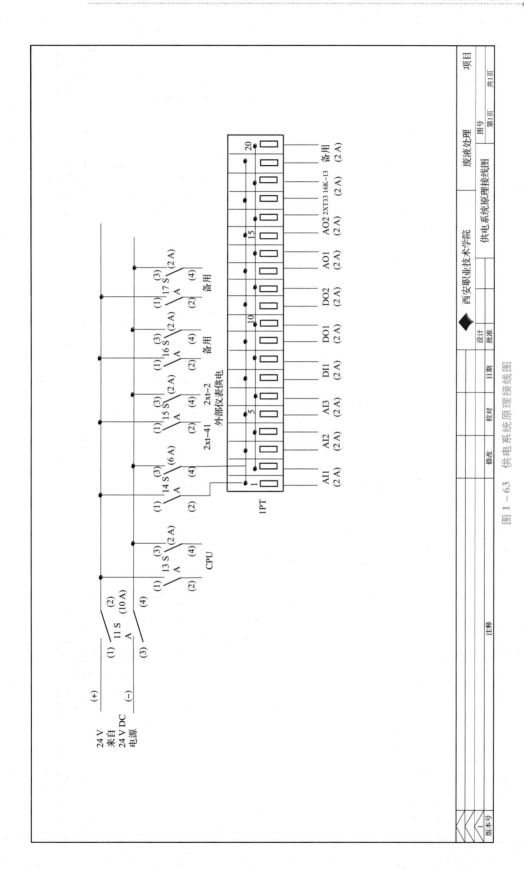

图 1 − 63　供电系统原理接线图

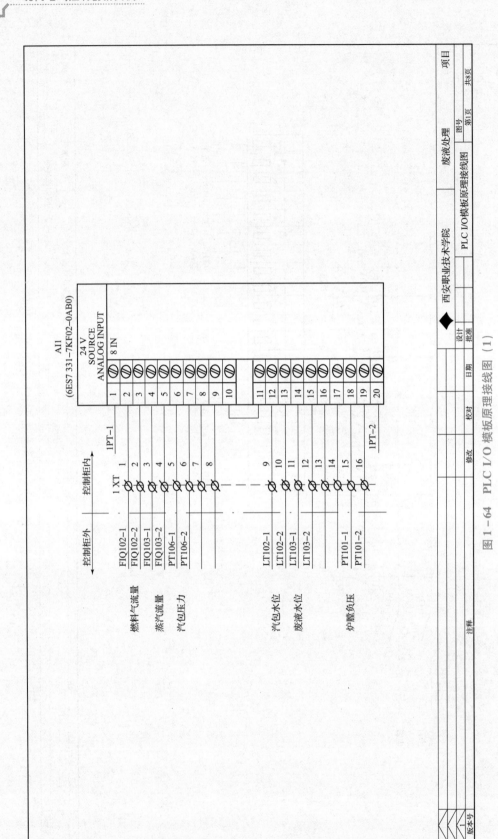

图1-64 PLC I/O 模板原理接线图（1）

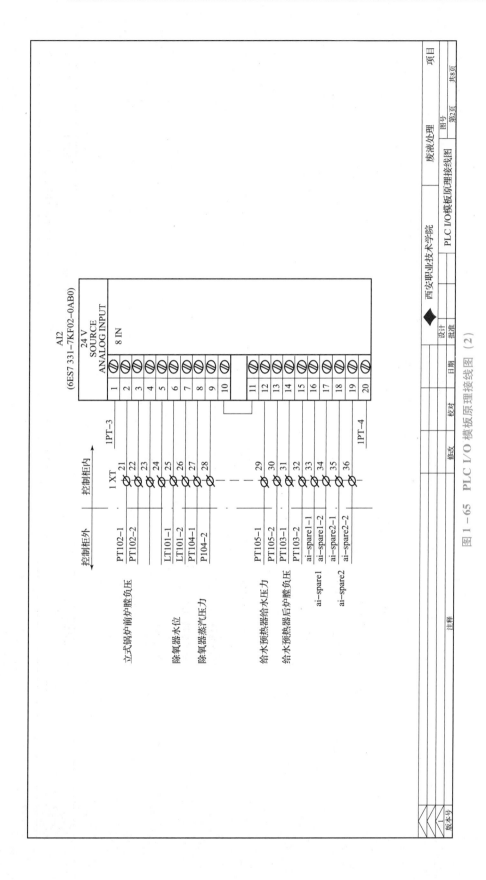

图 1-65　PLC I/O 模板原理接线图（2）

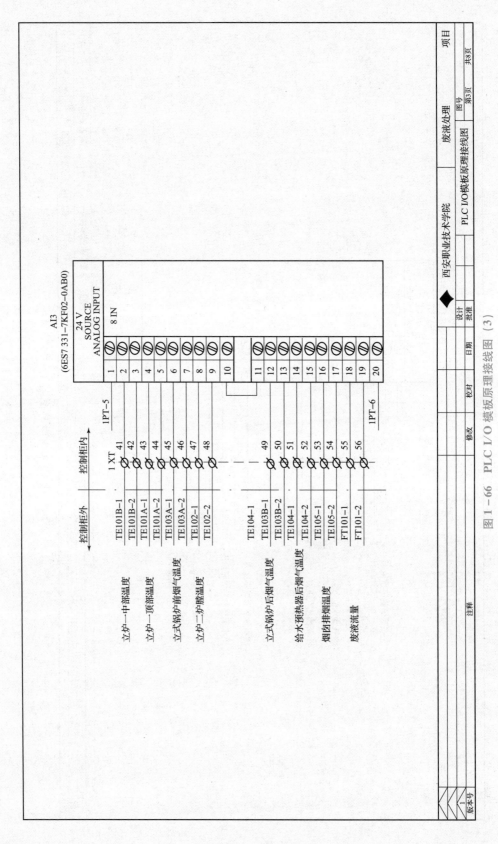

图 1－66　PLC I/O 模板原理接线图（3）

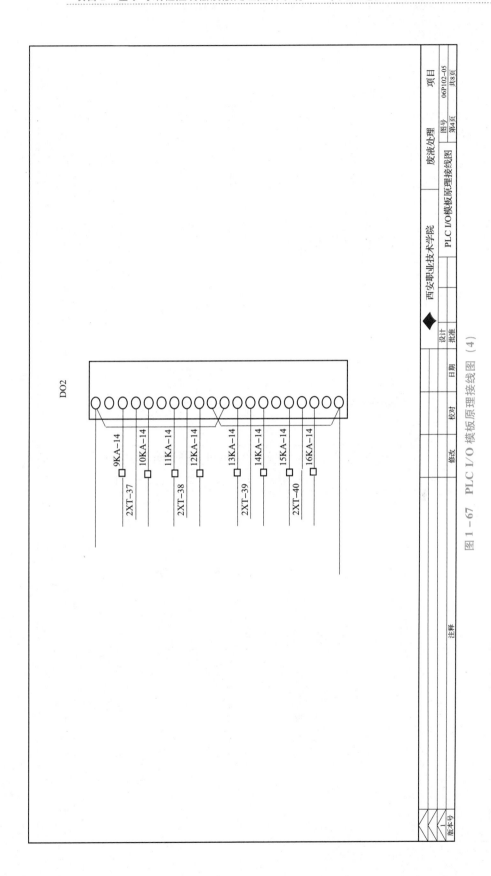

图1-67 PLC I/O模板原理接线图（4）

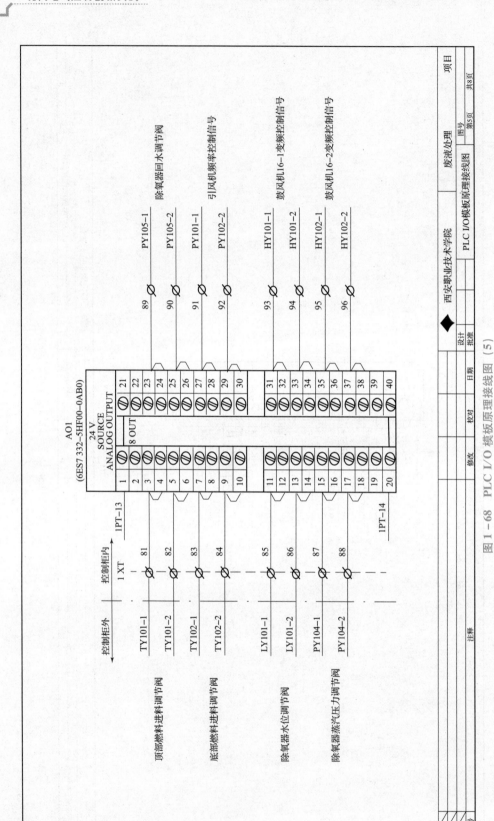

图 1 - 68　PLC I/O 模板原理接线图 (5)

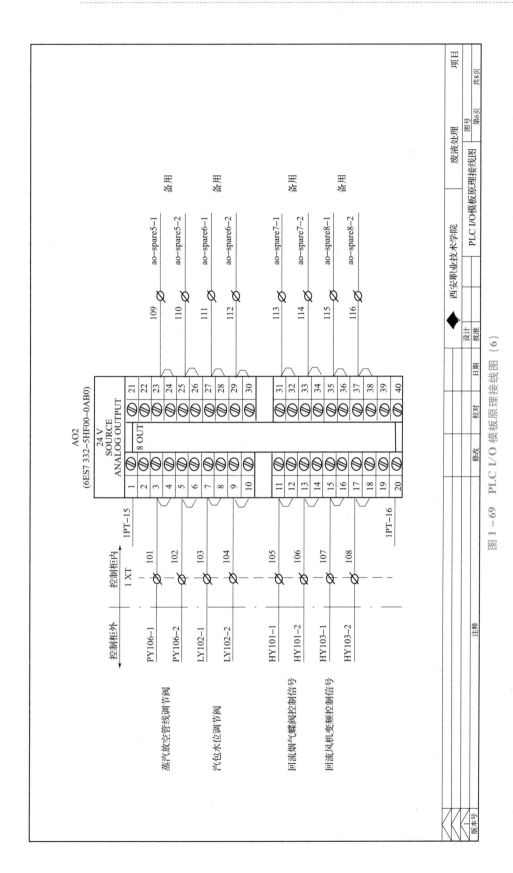

图1-69　PLC I/O 模板原理接线图（6）

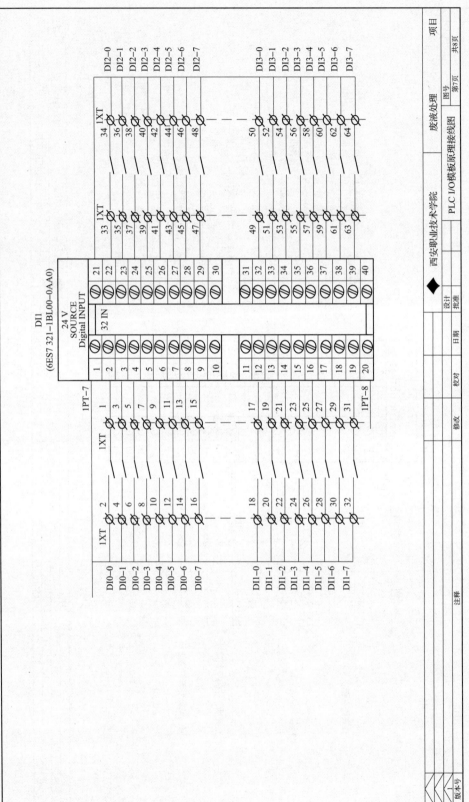

图 1-70 PLC I/O 模板原理接线图 (7)

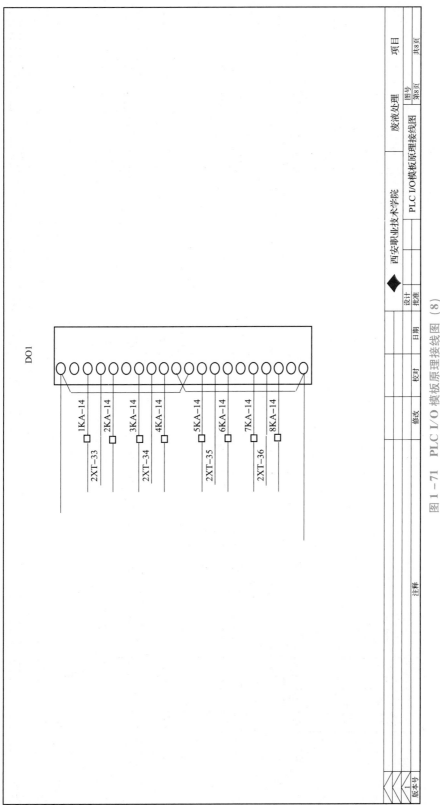

图1-71 PLC I/O模板原理接线图（8）

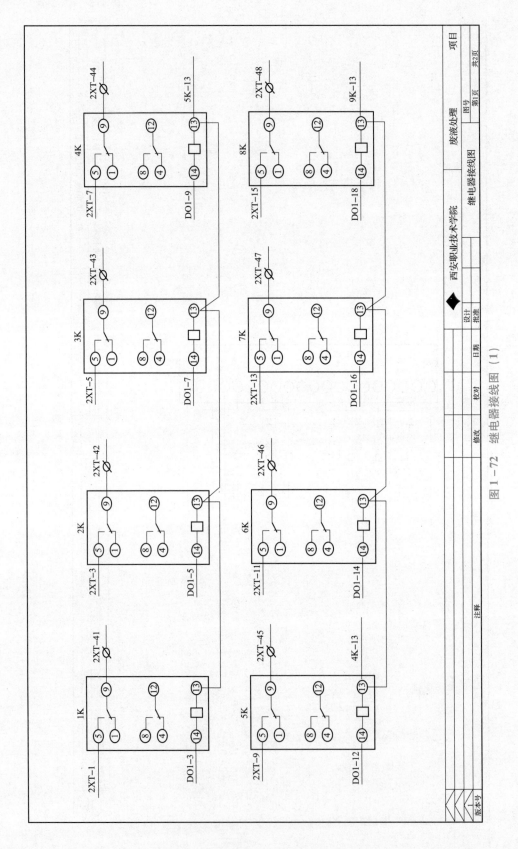

图 1-72 继电器接线图 (1)

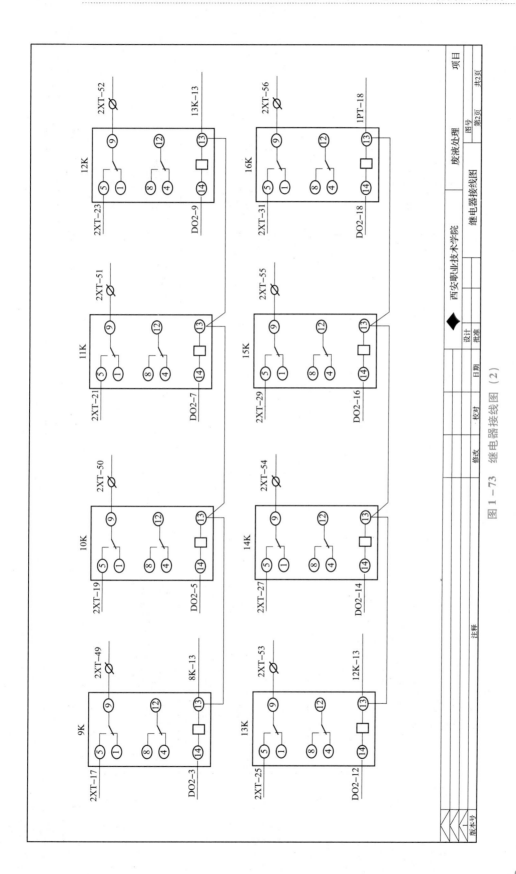

图 1 – 73　继电器接线图（2）

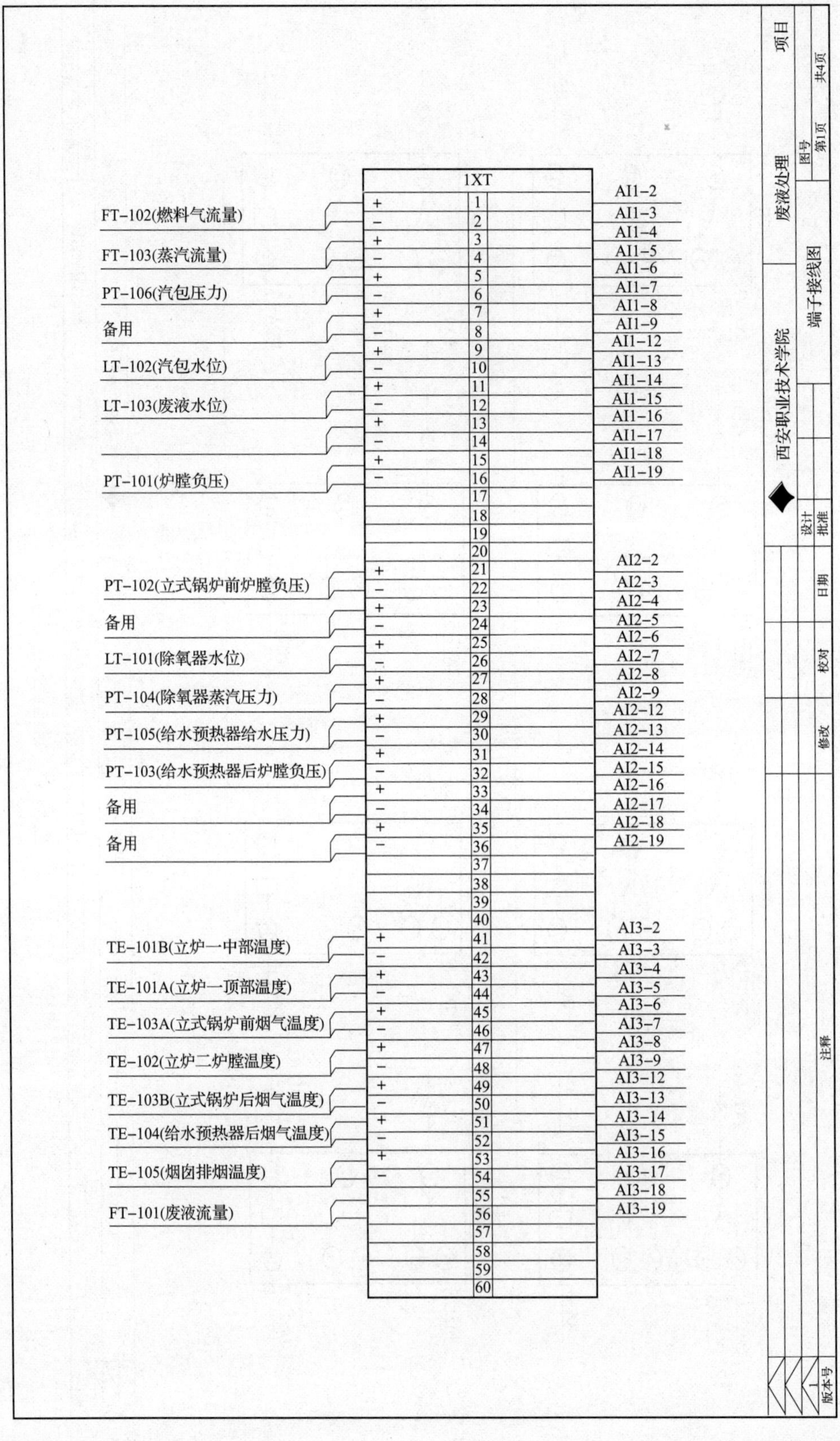

左侧仪表	极性	1XT	右侧通道
FT-102(燃料气流量)	+	1	AI1-2
	−	2	AI1-3
FT-103(蒸汽流量)	+	3	AI1-4
	−	4	AI1-5
PT-106(汽包压力)	+	5	AI1-6
	−	6	AI1-7
备用	+	7	AI1-8
	−	8	AI1-9
LT-102(汽包水位)	+	9	AI1-12
	−	10	AI1-13
LT-103(废液水位)	+	11	AI1-14
	−	12	AI1-15
	+	13	AI1-16
	−	14	AI1-17
PT-101(炉膛负压)	+	15	AI1-18
	−	16	AI1-19
		17	
		18	
		19	
		20	
PT-102(立式锅炉前炉膛负压)	+	21	AI2-2
	−	22	AI2-3
备用	+	23	AI2-4
	−	24	AI2-5
LT-101(除氧器水位)	+	25	AI2-6
	−	26	AI2-7
PT-104(除氧器蒸汽压力)	+	27	AI2-8
	−	28	AI2-9
PT-105(给水预热器给水压力)	+	29	AI2-12
	−	30	AI2-13
PT-103(给水预热器后炉膛负压)	+	31	AI2-14
	−	32	AI2-15
备用	+	33	AI2-16
	−	34	AI2-17
备用	+	35	AI2-18
	−	36	AI2-19
		37	
		38	
		39	
		40	
TE-101B(立炉一中部温度)	+	41	AI3-2
	−	42	AI3-3
TE-101A(立炉一顶部温度)	+	43	AI3-4
	−	44	AI3-5
TE-103A(立式锅炉前烟气温度)	+	45	AI3-6
	−	46	AI3-7
TE-102(立炉二炉膛温度)	+	47	AI3-8
	−	48	AI3-9
TE-103B(立式锅炉后烟气温度)	+	49	AI3-12
	−	50	AI3-13
TE-104(给水预热器后烟气温度)	+	51	AI3-14
	−	52	AI3-15
TE-105(烟囱排烟温度)	+	53	AI3-16
	−	54	AI3-17
		55	AI3-18
FT-101(废液流量)	+	56	AI3-19
		57	
		58	
		59	
		60	

图 1-74 端子接线图 (1)

项目 废液处理
图号 第1页 共4页
西安职业技术学院
端子接线图
端子接线图
设计 批准 校对 修改 注释
日期 版本号

68

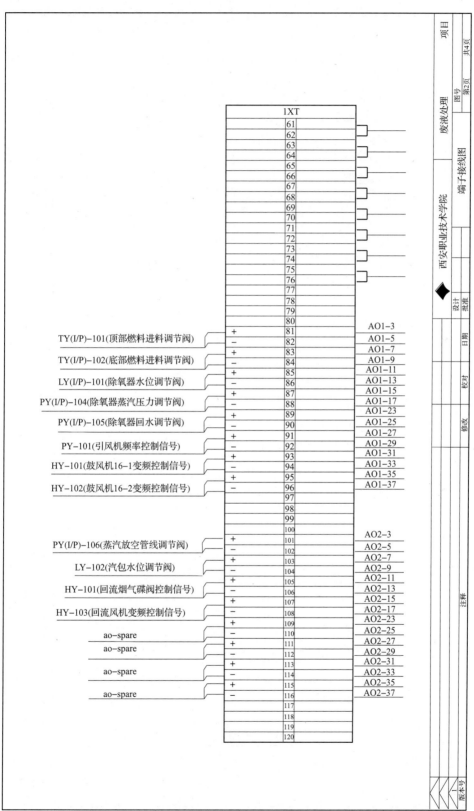

	1XT	
	61	
	62	
	63	
	64	
	65	
	66	
	67	
	68	
	69	
	70	
	71	
	72	
	73	
	74	
	75	
	76	
	77	
	78	
	79	
	80	
TY(I/P)-101(顶部燃料进料调节阀) +	81	AO1-3
−	82	AO1-5
TY(I/P)-102(底部燃料进料调节阀) +	83	AO1-7
−	84	AO1-9
LY(I/P)-101(除氧器水位调节阀) +	85	AO1-11
−	86	AO1-13
PY(I/P)-104(除氧器蒸汽压力调节阀) +	87	AO1-15
−	88	AO1-17
PY(I/P)-105(除氧器回水调节阀) +	89	AO1-23
−	90	AO1-25
PY-101(引风机频率控制信号) +	91	AO1-27
−	92	AO1-29
HY-101(鼓风机16-1变频控制信号) +	93	AO1-31
−	94	AO1-33
HY-102(鼓风机16-2变频控制信号) +	95	AO1-35
−	96	AO1-37
	97	
	98	
	99	
	100	
PY(I/P)-106(蒸汽放空管线调节阀) +	101	AO2-3
−	102	AO2-5
LY-102(汽包水位调节阀) +	103	AO2-7
−	104	AO2-9
HY-101(回流烟气碟阀控制信号) +	105	AO2-11
−	106	AO2-13
HY-103(回流风机变频控制信号) +	107	AO2-15
−	108	AO2-17
ao-spare +	109	AO2-23
−	110	AO2-25
ao-spare +	111	AO2-27
−	112	AO2-29
ao-spare +	113	AO2-31
−	114	AO2-33
ao-spare +	115	AO2-35
−	116	AO2-37
	117	
	118	
	119	
	120	

项目　废液处理

图号　第2页　共4页

端子接线图

西安职业技术学院

设计　批准

日期　校对　修改

端子接线图

注释

图 1 − 75　端子接线图（2）

版本号

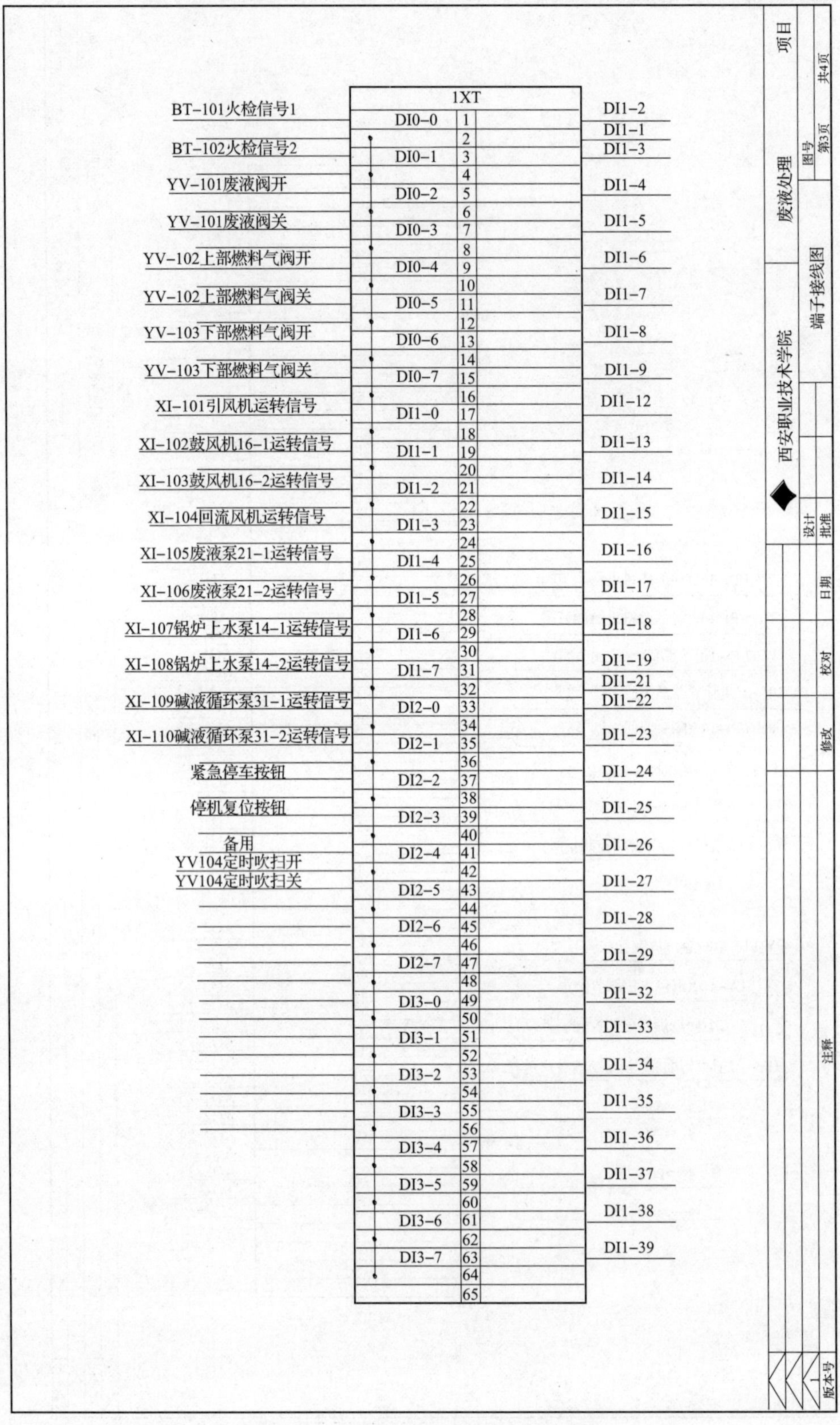

端子接线图

左侧信号	内侧 DI	1XT 端子号	右侧 DI
BT-101火检信号1	DI0-0	1	DI1-2
		2	DI1-1
BT-102火检信号2	DI0-1	3	DI1-3
		4	
YV-101废液阀开	DI0-2	5	DI1-4
		6	
YV-101废液阀关	DI0-3	7	DI1-5
		8	
YV-102上部燃料气阀开	DI0-4	9	DI1-6
		10	
YV-102上部燃料气阀关	DI0-5	11	DI1-7
		12	
YV-103下部燃料气阀开	DI0-6	13	DI1-8
		14	
YV-103下部燃料气阀关	DI0-7	15	DI1-9
		16	
XI-101引风机运转信号	DI1-0	17	DI1-12
		18	
XI-102鼓风机16-1运转信号	DI1-1	19	DI1-13
		20	
XI-103鼓风机16-2运转信号	DI1-2	21	DI1-14
		22	
XI-104回流风机运转信号	DI1-3	23	DI1-15
		24	
XI-105废液泵21-1运转信号	DI1-4	25	DI1-16
		26	
XI-106废液泵21-2运转信号	DI1-5	27	DI1-17
		28	
XI-107锅炉上水泵14-1运转信号	DI1-6	29	DI1-18
		30	
XI-108锅炉上水泵14-2运转信号	DI1-7	31	DI1-19
		32	DI1-21
XI-109碱液循环泵31-1运转信号	DI2-0	33	DI1-22
		34	
XI-110碱液循环泵31-2运转信号	DI2-1	35	DI1-23
		36	
紧急停车按钮	DI2-2	37	DI1-24
		38	
停机复位按钮	DI2-3	39	DI1-25
		40	
备用	DI2-4	41	DI1-26
YV104定时吹扫开		42	
YV104定时吹扫关	DI2-5	43	DI1-27
		44	
	DI2-6	45	DI1-28
		46	
	DI2-7	47	DI1-29
		48	
	DI3-0	49	DI1-32
		50	
	DI3-1	51	DI1-33
		52	
	DI3-2	53	DI1-34
		54	
	DI3-3	55	DI1-35
		56	
	DI3-4	57	DI1-36
		58	
	DI3-5	59	DI1-37
		60	
	DI3-6	61	DI1-38
		62	
	DI3-7	63	DI1-39
		64	
		65	

项目
废液处理
端子接线图
西安职业技术学院
设计
批准
日期
校对
修改
注释
共4页
第3页
图号
图 1-76 端子接线图（3）
版本号

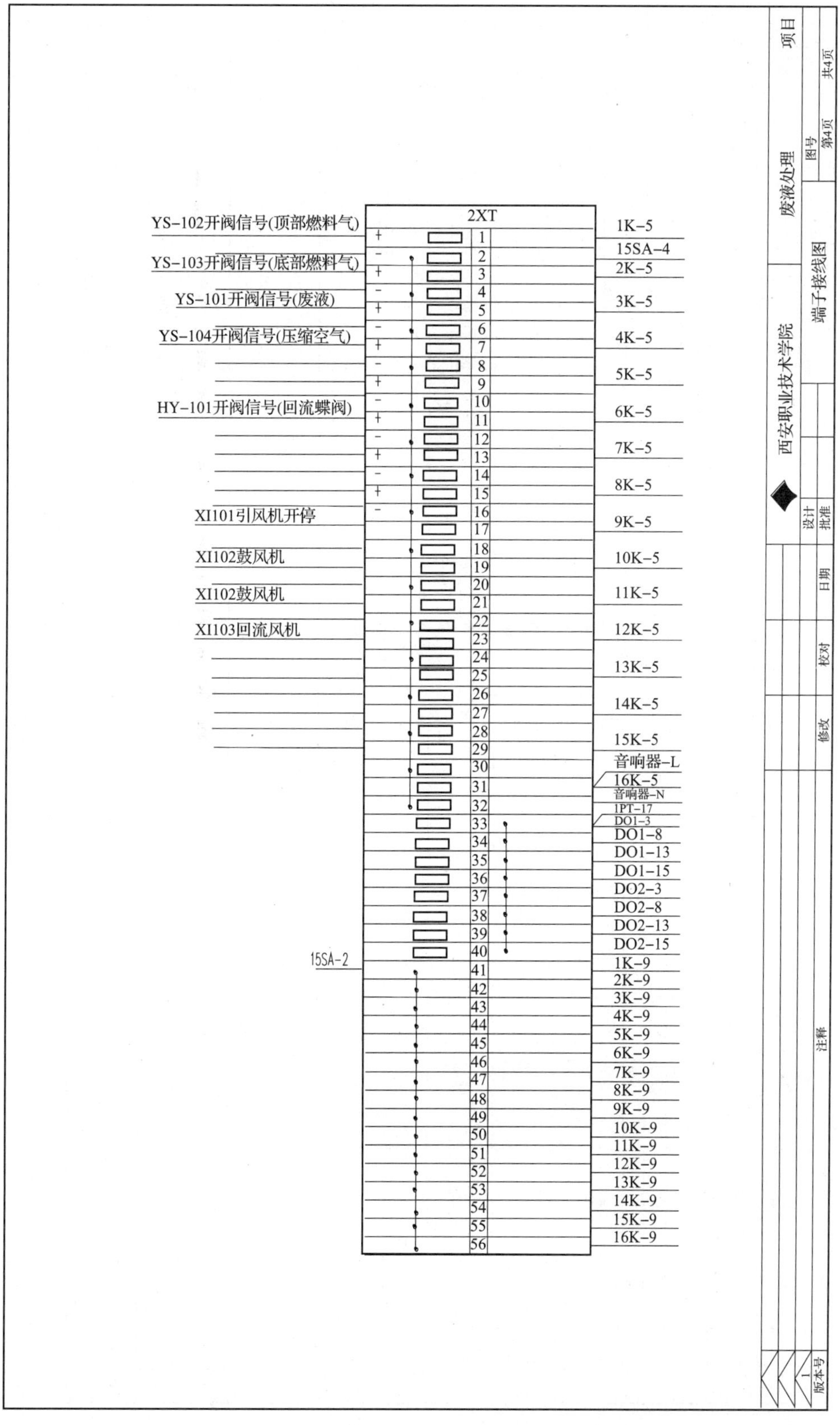

信号说明	2XT	端子号	接线端
YS-102开阀信号(顶部燃料气)	+	1	1K-5
YS-103开阀信号(底部燃料气)	-	2	15SA-4
	+	3	2K-5
YS-101开阀信号(废液)	-	4	
	+	5	3K-5
YS-104开阀信号(压缩空气)	-	6	4K-5
	+	7	
	-	8	5K-5
	+	9	
HY-101开阀信号(回流蝶阀)	-	10	6K-5
	+	11	
	-	12	7K-5
	+	13	
	-	14	8K-5
	+	15	
XI101引风机开停	-	16	9K-5
		17	
XI102鼓风机		18	10K-5
		19	
XI102鼓风机		20	11K-5
		21	
XI103回流风机		22	12K-5
		23	
		24	13K-5
		25	
		26	14K-5
		27	
		28	15K-5
		29	
		30	音响器-L
		31	16K-5
		32	音响器-N
		33	1PT-17 / DO1-3
		34	DO1-8
		35	DO1-13
		36	DO1-15
		37	DO2-3
		38	DO2-8
		39	DO2-13
		40	DO2-15
15SA-2		41	1K-9
		42	2K-9
		43	3K-9
		44	4K-9
		45	5K-9
		46	6K-9
		47	7K-9
		48	8K-9
		49	9K-9
		50	10K-9
		51	11K-9
		52	12K-9
		53	13K-9
		54	14K-9
		55	15K-9
		56	16K-9

图1-77　端子接线图（4）

项目　废液处理

图号　端子接线图

第4页　共4页

西安职业技术学院

设计　批准　校对　审核　修改　日期　注释　版本号

序号	位号	名称	型号	数量	备注	位号	名称	型号	数量	备注
1	DY1,DY2,DY3,DY4	电源	CP DM 10	4	甲方自供件	AI1、AI2、AI3模拟量输入	模拟量输入	6ES7 331-7KF02-0AB0	3块	甲方自供件
2	CP1,CP2	隔离组件		2	甲方自供件	AO1、AO2	模拟量输出	6ES7 332-5HF02-0AB0	2块	甲方自供件
3	1SA	断路器	C65N/2P C40A	1	甲方自供件	DI1	数字量输入	6ES7 321-1BL00-0AA0	1块	甲方自供件
4	2SA~5SA,11SA,12SA	断路器	C65N/2P C10A	6	甲方自供件	DO1、DO2	数字量输出	6ES7 322-1HF00-0AA0	2块	甲方自供件
5	6SA~10SA,14SA	断路器	C66N/2P C6A	6	甲方自供件	CPU			1块	甲方自供件
6	15SA~17SA,13SA	断路器	C66N/2P C2A	4	甲方自供件		安装板	ODXY08NMS0601-IH70-08-01(H=805)	3块	
7		固定件	EW35	30	甲方自供件	热电偶输入信号隔离器	安装模心信号隔离处理机		5块	甲方自供件
8		汇流条	SL/2P	1根	甲方自供件					
9		熔丝端子	ASK 1EN	60	甲方自供件					
10		熔丝	2A	60	甲方自供件					
11		挡板	AP/ASK1EN	2	甲方自供件					
12		联件	QB5B/32	1	甲方自供件					
13		联件	QB5B/20	1	甲方自供件					
14		普通联子	SAK2.5EN	201	甲方自供件					
15		联板	AP/SAK2.5EN	4	甲方自供件					
16		联件	Q10/SAK2.5EN	2	甲方自供件					
17		标记联子	SCHT5S	0	甲方自供件					
18		标记条	1~120（横刻字）	2条	甲方自供件		轴流风机	KA1238HA2S 220 V AC	1套	
19		标记条	1~65（横刻字）	4条	甲方自供件		防尘网	小型	1套	
20		音响器		1	甲方自供件		短路器	C65N 2P/1A	1	甲方自供件
21		继电器	MY2NJ	16	甲方自供件		插接线	3 M	1	
22		钥匙按钮		4	甲方自供件		机柜铜排	MS713	2	
23		联件	Q4/SAK2.5EN	2	甲方自供件		接地铜排	δ=10 mm	2	
24							接地标志		4	

TITLE: （废液）柜设备表

合同号：　定货单位：
盘颜色：YCN标准色　盘结构：CS-22-210SX800X800
总装工时：　合同号：

PROJECT NAME: 废液处理
DOC NO:

SHT NO 1
CONT'D SHT NO

相关图纸：

REV	DATE	DESCRIPTION	REVISED BY	CHECKED BY

DISKNAME/FILENAME:

图1-78　（废液）柜设备表

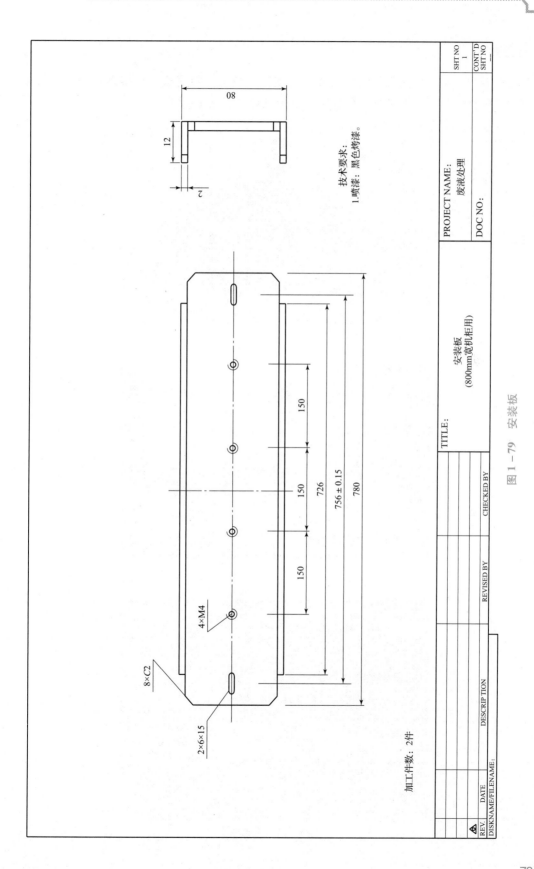

图 1－79　安装板

项目总结

经过努力，基于该控制策略有机废液处理控制系统已经完成试车准备投产，并得到了厂方的初步肯定。该系统全貌、分控室、总控室分别如图 1–80～图 1–82 所示。

图 1–80　废液处理控制系统全貌

图 1–81　分控室

图 1–82　总控室

试车后确认：

（1）能按照企业工艺要求实现废液处理控制的整体设计、施工，直至正常生产。在保证安全、可靠的运行情况下，对于废液焚烧的温度控制能达到误差 ±10 ℃以内。

（2）尾气中的烟尘、NO_x、HCl、SO_2 及 CO 浓度均低于国家环境保护标准《危险废物焚烧污染控制标准》GB 18484—2020 的排放标准。

（3）通过多种节能措施，将运营成本降低至 60 元/t 废液以下。

（4）希望能够在节能、减排、低维护费等方面给予相关石化企业以借鉴意义。为减轻有毒有害有机物的污染，保护人们身体健康、造福子孙后代尽微薄之力。

项目评价

各组设计各项控制策略，完成控制指标，请同学及教师完成评分，如表1-6所示。

表1-6 项目评分表

序号	评分项目	评分标准	分值	小组互评	教师评分
1	上位设计	（1）仪器、仪表绘制错误扣1分。 （2）变量趋势图绘制错误扣1分。 （3）启动联锁条件绘制错误扣1分。 （4）报警触发绘制错误扣1分	10分		
2	下位设计	（1）开关量错误扣1分。 （2）模拟量错误扣2分。 （3）变量、地址错误扣2分	10分		
3	比例积分微分基础控制	（1）参数设置不合理扣1分。 （2）不能完成控制指标扣2分	10分		
4	"假水位"、大惯性等难点控制	（1）参数设置不合理扣1分。 （2）不能完成控制指标扣2分	10分		
5	控制器、电源、AI/AO/DI/DO 模块、CPU 模块的选用及使用	（1）模块选择错误扣2分。 （2）模块参数设置不合理扣2分	10分		
6	变送器的选择及使用	（1）变送器选择错误扣3分。 （2）变送器参数设置不合理扣1分	10分		
7	传感器的选择及使用	（1）传感器类型选择错误扣3分。 （2）传感器测量范围不合理扣1分	10分		

序号	评分项目	评分标准	分值	小组互评	教师评分
8	执行器的选择及使用	（1）执行器类型选择错误扣3分。 （2）执行器测量范围不合理扣1分	10分		
9	电气柜的设计及搭建	（1）电气设计错误扣2分。 （2）不能实现控制指标扣2分	10分		
10	职业素养与安全意识	（1）工具使用不规范扣2分。 （2）团队配合不紧密扣2分。 （3）没有创新元素扣2分	10分		
		总分			

项目 2

自然循环锅炉控制
——全国大学生控制仿真挑战赛
"我心飞翔"设计案例

学习目标

知识目标

- 掌握自然循环锅炉汽包水位控制的规律及参数设置方法。
- 掌握锅炉燃烧控制的规律及参数设置方法。
- 掌握除氧器控制的规律及参数设置方法。
- 掌握控制器组网、控制层的设计及布局方法。
- 掌握控制器各模块的选择和搭建方法。
- 掌握卡件分布图设计方法。
- 掌握阀门流体特性,熟悉阀体类型。
- 掌握启动控制逻辑,熟练绘制流程图。
- 掌握自然循环锅炉联锁控制、报警控制逻辑。

能力目标

- 能够根据汽包水位控制要求选择对应控制策略满足控制指标。
- 能够根据燃烧室温度等控制要求选择对应控制策略满足控制指标。
- 能够根据除氧器水位控制要求选择对应控制策略满足控制指标。
- 能够根据控制要求搭建多层控制网络、选择控制器模块。
- 能够实现工业以太网的搭建,并满足参数要求。
- 能够根据工艺和控制要求设计卡件分布图。
- 能够根据变量流体类型选择合适的阀门。
- 能够绘制符合要求的启动流程图,建立安全启动界面。
- 能够根据自然循环锅炉控制逻辑设定安全联锁条件、绘制联锁画面。
- 能够根据自然循环锅炉工艺生产参数范围设定报警界面。

素养目标

- 培养学生逻辑思维能力。
- 培养学生沟通交流、团队协作能力。
- 培养学生团队协作与创新能力。
- 培养学生岗位责任、安全生产意识。
- 培养学生创新理念和创新意识。

项目描述

自然循环锅炉是工业生产过程中必不可少的重要动力设备，其工艺图如图 2-1 所示。它把燃料燃烧释放出的化学能，通过传热过程传递给水，使水变成水蒸气。这种高压蒸汽既可以作为蒸馏、化学反应、干燥和蒸发过程的能源，又可以作为风机、压缩机、大型泵类的驱动透平的动力源。随着石油化学工业生产规模的不断扩大，生产过程的不断强化，生产设备的不断更新，作为动力和热源的自然循环锅炉，亦向着高效率、大容量发展。为确保安全、稳定生产，对锅炉设备的自动控制就显得十分重要。

自然循环锅炉讲解

经处理的软化水进入除氧器 V1101 上部的除氧头，进行热力除氧，除氧蒸汽由除氧头底部通入。除氧的目的是防止锅炉给水中溶解有氧气和二氧化碳，对锅炉造成腐蚀。热力除氧是用蒸汽将给水加热到饱和温度，将水中溶解的氧气和二氧化碳排出。在除氧器 V1101 下水箱底部也通入除氧蒸汽，进一步去除软化水中的氧气和二氧化碳。

除氧后的软化水由上水泵 P1101 泵出后分成两路，其中一路进入减温器 E1101 与过热蒸汽换热后，与另一路混合，进入省煤器 E1102。进入减温器 E1101 的锅炉上水走管程，一方面对最终产品（过热蒸汽）的温度起到微调（减温）作用，另一方面也能对锅炉上水起到一定的预热作用。省煤器 E1102 由多段盘管组成，燃料燃烧产生的高温烟气自上而下通过管间，与管内的锅炉上水换热，回收烟气中的余热并使锅炉上水进一步预热。

被烟气加热成饱和水的锅炉上水全部进入汽包 V1102，再经过对流管束和下降管进入锅炉水冷壁，吸收炉膛辐射热在水冷壁里变成汽水混合物，然后返回汽包 V1102 进行汽水分离。锅炉上汽包为卧式圆筒形承压容器，内部装有给水分布槽、汽水分离器等，汽水分离是上汽包的重要作用之一。分离出的饱和蒸汽再次进入炉膛 E1101 进行汽相升温，成为过热蒸汽。出炉膛的过热蒸汽进入减温器 E1101 壳程，进行温度的微调并为锅炉上水预热，最后以工艺所要求的过热蒸汽压力、过热蒸汽温度输送给下一生产单元。

燃料经由燃料泵 P1102 泵入炉膛 E1101 的燃烧器；空气由变频鼓风机 K1101 送入燃烧器。燃料与空气在燃烧器混合燃烧，产生热量使锅炉水汽化。燃烧产生的烟气带有大量余热，对省煤器 E1102 中的锅炉上水进行预热。

软化水流量为 F1106，温度为常温 20 ℃，经由调节阀 V1106 进入除氧器 V1101 顶部。除氧蒸汽分两路：一路进入热力除氧头，管线上设有调节阀 PV1106；另一路进入除氧器下水箱，管线上设有开关阀 XV1106。除氧器压力为 P1106，除氧器水位为 L1101。软化水在除氧器底部经由上水泵 P1101 泵出。

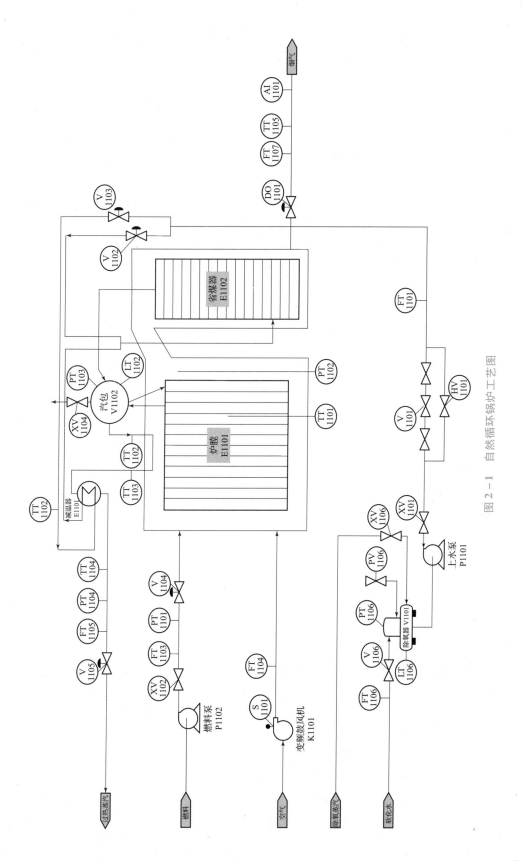

图 2 - 1　自然循环锅炉工艺图

锅炉上水流量为 F1101，锅炉上水管线上设有上水泵出口阀 XV1101、上水管线调节阀 V1101 以及旁路阀 HV1101。锅炉上水被分为两路：一路进入减温器 E1101 预热，预热后与另一路混合进入省煤器 E1102。两路锅炉上水管道上分别设有调节阀 V1102 和 V1103。正常工况时，大部分锅炉上水直接流向省煤器，少部分锅炉上水流向减温器，其流量为 F1102。

汽包 V1102 顶部设放空阀 XV1104，汽包压力为 P1103。汽包中部设水位检测点 L1102。在汽包中通过汽水分离得到的饱和蒸汽温度为 T1102，经过炉膛汽相升温得到的过热蒸汽温度为 T1103。

过热蒸汽进入减温器 E1101，进行温度的微调。最终过热蒸汽压力为 P1104，温度为 T1104，流量为 F1105。过热蒸汽出口管道上设调节阀 V1105。

燃料经由燃料泵 P1102 泵入炉膛 E1101 的燃烧器，燃料流量为 F1103，燃料压力为 P1101，燃料流量管线设调节阀 V1104、燃料泵出口阀 XV1102。空气经由变频鼓风机 K1101 送入燃烧器，变频器频率为 S1101（被归一化到 0~100%），空气流量为 F1104。

省煤器烟气出口处的烟气流量为 F1107，温度为 T1105。烟气含氧量 A1101 设有在线分析检测仪表。烟道内设有挡板 DO1101。

炉膛负压为 P1102，炉膛中心火焰温度为 T1101，为红外非接触式测量，仅提供大致温度作为参考。

自然循环锅炉流程如图 2-2 所示。

知识准备

● 各项控制策略的基础是数学算法，要求有较强的高等数学、工程数学及自动控制原理课程知识储备。

● 针对"假水位"现象、大惯性环节等控制难点，需要有大学物理课程基础。

● 控制网络搭建及控制模块的选择涉及可编程控制课程相关知识。

● 电气柜设计要熟练掌握电气 CAD 相关知识，电气柜的接线布局要应用到电机与电气控制课程相关知识。

● 传感器、变送器、执行器的选择使用涉及仪器与仪表课程相关知识，要对流体特性有一定认知。

任务实施

自然循环锅炉是重要的动力设备，其要求是供给合格的蒸汽，使锅炉发热量适应负荷的需要。为此，生产过程的各个主要工艺参数必须严格控制。锅炉设备的主要控制要求如下：

（1）蒸汽量适应负荷变化需求或保持给定负荷。

（2）锅炉供给用汽设备的蒸汽压力应保持在一定范围内。

（3）过热蒸汽温度应保持在一定范围内。

（4）汽包水位应保持在一定范围内。

（5）保持锅炉燃烧的经济性和安全运行。

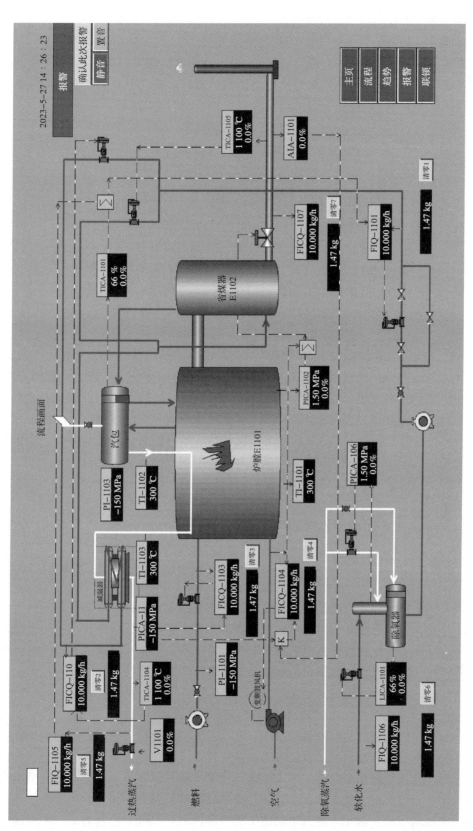

图2-2 自然循环锅炉流程

（6）炉膛负压应保持在一定范围内。

（7）除氧器等辅助设备安全可靠运行。

锅炉设备是一个复杂的控制对象，如图 2-3 所示，主要输入变量是给水量、燃料量、减温水量、送风量和引风量等；主要输出变量是汽包水位、蒸汽压力、过热蒸汽温度、炉膛负压、过剩空气（氧气含量等）。

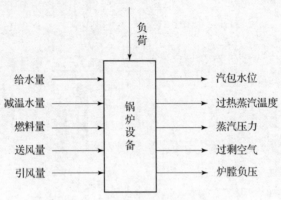

图 2-3　自然循环锅炉输入输出变量

上述输入变量与输出变量之间相互关联。如果蒸汽负荷发生变化，必将引起汽包水位、蒸汽压力和过热蒸汽温度等的变化。燃料量的变化不仅影响蒸汽压力，同时还会影响汽包水位、过热蒸汽温度、过剩空气和炉膛负压。给水量的变化不仅影响汽包水位，而且对蒸汽压力、过热蒸汽温度等亦有影响。减温水量的变化会导致过热蒸汽温度、蒸汽压力、汽包水位等的变化，所以自然循环锅炉设备是一个多输入、多输出且相互关联的控制对象。

依据工程惯例可以将锅炉设备划分为若干个控制系统，主要控制系统如下。

2.1　自然循环锅炉汽包水位控制（自校正模糊 PID 的汽包三冲量水位控制）

自然循环锅炉水位高度是确保生产和提供优质蒸汽的重要参数。特别是对现代工业生产来说，由于蒸汽量显著提高，汽包容积相对减少，水位速度变化很快，稍不注意即造成汽包满水或烧干锅，无论满水还是缺水都会造成极其严重的后果。因此，主要从汽包内部的物料平衡考虑，使给水量适应锅炉的蒸汽流量，维持汽包中水位在工艺允许范围内。这是保证锅炉、汽轮机安全运行的必要条件之一，是锅炉正常运行的重要指标。因为，此控制系统的被控变量为汽包水位（LT1102），操纵变量为给水量（FT1101）。

保持汽包水位在一定范围内是锅炉稳定安全运行的主要指标。水位过低会造成汽包内水量太少，当负荷有较大变动时，汽包内的水量变化速度很快，如来不及控制，将会使汽包内的水全部气化，导致水冷壁的损坏，严重时会发生锅炉爆炸。水位过高则会影响汽包内的汽水分离，产生蒸汽带液现象，一方面会使过热器管壁结垢，传热效率下降；另一方面由于蒸汽温度的下降，液化的蒸汽驱动透平机时会使透平机叶片遭到毁坏，影响运行的安全性和经济性。

2.1.1　汽包水位的动态特性分析

影响汽包水位的因素有汽包（包括循环水管）中储水量和水位下气泡容积。而水位下气泡容积与锅炉的蒸汽负荷、蒸汽压力、炉膛热负荷等有关。锅炉汽包水位主要受自然循环锅炉蒸汽流量 D 和给水流量 W 的影响。

1. 干扰通道的动态特性——蒸汽负荷对水位的影响

在蒸汽流量 D（即负荷增大或减小）的阶跃干扰下，汽包水位的阶跃响应曲线如图 2-4 所示。锅炉汽包水位 H 对干扰输入蒸汽流量 D 的传递函数可以描述为

$$\frac{H(s)}{D(s)} = \frac{H_1(s)}{D(s)} + \frac{H_2(s)}{D(s)} = -\frac{k_f}{s} + \frac{k_2}{T_2 s + 1}$$

式中，k_f 为响应速度，即蒸汽流量做单位流量变化时，汽包水位的变化速度；k_2 和 T_2 分别为响应曲线 H_2 的增益和时间常数。

根据物料守恒关系，当蒸汽流量突然增加而燃料量不变的情况下，汽包内的水位应该是降低的。但是由于蒸汽流量突然增加，瞬时必导致汽包内压力下降，因此水的沸点降低，汽包内水的沸腾突然加剧，水的气泡迅速增加，将整个水位提高，即蒸汽流量突然增加对汽包水位不是理论上的降低而是升高，这就是所谓的"假水位"现象。

当蒸汽流量突然增加时，由于"假水位"现象，开始水位先上升后下降，如图 2-4 中曲线 H 所示。当蒸汽流量阶跃变化时，根据物料平衡关系，蒸汽流量大于给水流量，水位应下降，如图 2-4 中的曲线 H_1 所示。曲线 H_2 是只考虑水位下气泡容积变化时的水位变化曲线。而实际水位变化曲线 H 是 H_1 与 H_2 的叠加，即 $H = H_1 + H_2$。对于蒸汽流量减少时同样可用上述方法进行分析。

"假水位"变化幅度与锅炉规模有关，因此在实际运行中选择控制方案时应将其考虑在内。

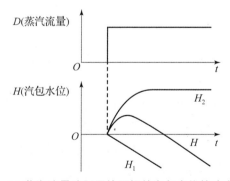

图 2-4　蒸汽流量阶跃干扰下锅炉汽包水位的响应曲线

2. 控制通道的动态特性——给水流量对汽包水位的影响

给水流量 W 做阶跃变化时，锅炉水位 H 的响应曲线如图 2-5 所示，可以用下列传递函数描述：

$$\frac{H(s)}{W(s)} = \frac{k_0}{s} e^{-\tau s}$$

式中，k_0 为响应速度，即给水流量做单位流量变化时，水位的变化速度；τ 为滞后时间。

当给水流量增加时，由于给水温度必然低于汽包内饱和水温度，因而需要从饱和水中吸收部分热量，因此导致汽包内的水温降低，使汽包内水位下的气泡减少，从而导致水位下降，只有当水位下气泡容积变化达到平衡后，给水流量才与水位成比例增加。表现在响应曲线的初始段，水位的增加比较缓慢，可用时滞特性近似描述。因此实际的水位响应曲线如图 2-5 所示。当突然加大给水流量时，汽包水位一开始并不立即增加而是需要一段惯性段，τ 为滞后时间，其中 H_0 为不考虑给水流量增加而导致汽包中气泡减少的实际水位变化。

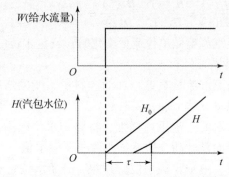

图 2-5　给水流量作用下锅炉汽包水位的阶跃响应曲线

2.1.2　汽包水位的三冲量控制

锅炉汽包水位的控制系统中，被控变量为汽包水位（LT1102），操纵变量为给水流量（FT1101）。主要的干扰变量有以下四个来源：

（1）给水方面的干扰，如给水压力、减温器控制阀开度变化等。

（2）蒸汽用量的干扰，包括管路阻力变化和负荷设备控制阀开度变化等。

（3）燃料量的干扰，包括燃料热值、燃料压力、含水量等。

（4）汽包压力变化，通过汽包内部汽水系统在压力升高时的"自凝结"和压力降低时的"自蒸发"影响水位。

这里我们采用三冲量水位控制系统。

图 2-6 所示为前馈与串级控制组成的复合控制系统。与双冲量水位控制系统相比，设置了串级副环，将给水流量、蒸汽流量等扰动引入串级控制系统的副环。因此，扰动能够被副环克服。从系统的安全角度来考虑，三冲量控制方案亦能够维持汽包水位在工艺允许范围内，基本能克服系统中存在的"假水位"现象。

图 2-7 所示为三冲量控制系统框图，则前馈补偿模型为

$$G_{ff}(s) = -\frac{G_{PD}(s) G_{m2}(s)}{G_{p1}(s)}$$

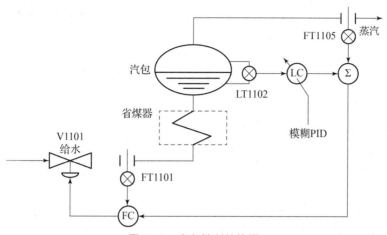

图 2-6　汽包控制结构图

式中，蒸汽流量和给水流量的检测变送环节因动态响应快，其传递函数 $G_{m3}(s)$、$G_{m2}(s)$ 可分别以静态增益 k_{m3}、k_{m2} 表示，则 k_{m3} 和 k_{m2} 可分别按下式计算：

$$k_{m3} = \frac{z_{max} - z_{min}}{Q_{Smax}}$$

$$k_{m2} = \frac{z_{max} - z_{min}}{Q_{Wmax}}$$

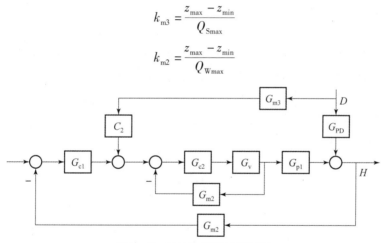

图 2-7　三冲量控制系统框图

假设采用气开阀，C_2 就取正值。令 $G_{ff}(s) = C_2 k_{m3}$，当考虑静态前馈时，有

$$C_2 k_{m3} = \frac{k_f}{k_0} k_{m2} = \frac{\Delta Q_W}{\Delta Q_S} k_{m2} = \alpha k_{m2}$$

得

$$C_2 = \frac{\alpha k_{m2}}{k_{m3}} = \alpha \frac{Q_{Smax}}{Q_{Wmax}}$$

若控制通道和扰动通道的动态特性不一致时，可采用动态前馈控制规律。此时，将系统框图中的 C_2 表示为 $G'_{ff}(s)$。假如副回路跟踪很好，可近似为 $1:1$ 的环节。

根据不变性原理，得到动态前馈控制器的控制规律为

$$G'_{ff}(s) = -\frac{G_{PD}(s)}{G_{p1}(s) G_{m3}(s)} = \frac{Q_{Smax}}{z_{max} - z_{min}} \cdot \left(\frac{k_f}{k_0} - \frac{k_d s}{T_2 s + 1} \right) e^{\tau s}$$

式中，$k_d = \dfrac{k_2}{k_0}$。实际应用时，通常有 $k_0 = k_f$。$\mathrm{e}^{\tau s}$ 无法物理实现，实际动态前馈控制器的控制规律近似为

$$G'_{\mathrm{ff}}(s) \approx K\left(1 - \frac{k_d s}{T_2 s + 1}\right)$$

式中，K 为蒸汽流量检测变送环节增益的倒数，通常为 1。因此，实际实施时可采用蒸汽流量信号的负微分与蒸汽流量信号之和作为动态前馈信号。

2.1.3　融入在线自校正模糊 PID 的汽包三冲量水位控制

为了进一步解决非线性、大时滞等问题，在上述三冲量水位控制基础上融入了模糊控制，形成在线自校正模糊 PID 的汽包三冲量水位控制。

1. PID 参数模糊自适应控制器设计

模糊控制是一种应用模糊集合、模糊语言变量和模糊逻辑推理知识，模拟人的模糊思维方法，对复杂系统实行控制的智能控制系统。模糊控制不需要事先知道对象的数学模型，具有系统响应快、超调小、过渡过程时间短等优点。自校正 PID 模糊控制用具有良好特性的模糊控制器取代了常规 PID 控制器，使得可以对 PID 参数进行在线修改，从而使被控对象有更好的性能。模糊在线自校正 PID 参数控制器原理为根据偏差的绝对值、偏差和的绝对值以及偏差变化率的绝对值的大小和调整时间的长短，不断地在线修正 PID 参数 K_p、K_i、K_d，即以汽包水位的误差 e 和误差变化量 e_c 作为模糊控制器的输入量，以满足不同 e 和 e_c 对控制器参数的不同要求，根据模糊合成推理设计 PID 参数的模糊矩阵表，查出修正参数，再代入下式计算：

$$K_p = \Delta K_p + K_p^*$$
$$K_i = \Delta K_i + K_i^*$$
$$K_d = \Delta K_d + K_d^*$$

式中，K_p、K_i、K_d 为 PID 3 个控制参数的取值；K_p^*、K_i^*、K_d^* 为 PID 参数基准值；ΔK_p、ΔK_i、ΔK_d 为 PID 参数校正值。PID 调节器的输出值 u 到锅炉给水流量调节器。

2. 隶属度函数的建立

选取汽包水位偏差 $E(k)$、偏差和 $\Sigma E(k) = E(k) + E(k-1)$ 及偏差变化 $E_c(k) = E(k) - E(k-1)$ 为在线自校正环节的输入语言变量，ΔK_p、ΔK_i 及 ΔK_d 为输出语言变量。模糊化过程是通过比例变换因子将采样获得的具体值论域变换到模糊语言变量论域。设误差 e 的基本论域为 $[-e_1, e_1]$，误差变化 e_c 的基本论域为 $[-e_2, e_2]$，各自的模糊语言变量论域为 $[-n, n]$ 和 $[-m, m]$，则量化因子为 $K_e = nPe_1$，$K_{ec} = mPe_2$。在这里，它们的模糊子集都取为 7 个值：{NB, NM, NS, ZO, PS, PM, PB}。相应的模糊论域为：$E(k)$、$\Sigma E(k)$、$E_c(k) = \{-3, -2, -1, 0, 1, 2, 3\}$，$\Delta K_p$、$\Delta K_d = \{-3, -2, -1, 0, 1, 2, 3\}$，$\Delta K_i = \{-0.6, -0.4, -0.2, 0, 0.2, 0.4, 0.6\}$。

3. 建立模糊控制规则

（1）当 e 较大时，为使系统具有较好的跟踪性能，应取较大的 K_p 值与较小的 K_d 值，同时为了避免系统响应出现较大的超调，应对积分作用加以限制，通常取 $K_i = 0$。

（2）当 e 和 e_c 中等大小时，为使系统具有较小的超调，K_p 值应取得小些。在这种情况下，K_d 的取值对系统的影响较大，应取得小一些；K_i 的取值要适当。

（3）当 e 较小时，为使系统具有较好的稳定性能，K_p 值与 K_i 值均应取得大些，同时为避免系统在设定值出现振荡，并考虑系统抗干扰性能，当 e_c 较大时 K_d 值可取得小些；当 e_c 较小时 K_d 值可取得大些。

最后，根据汽包水位的误差 e 和误差变化量 e_c，直接查找模糊控制规则表得出校正量，用重心法将其去模糊，转换为清晰量，分别乘以量化因子求得最终结果 ΔK_p、ΔK_i、ΔK_d，将其与 PID 基准值 K_p^*、K_i^*、K_d^* 分别相加得到 PID 参数 K_p、K_i、K_d，然后按照常规的 PID 运算计算控制器输出量到给水流量调节器。

采用在线自校正模糊 PID 的汽包三冲量水位控制，在偏差较大时使 K_p 值增大，提高了系统的响应时间，在中间过程抑制了系统响应出现的超调，在接近稳态时 K_p 值、K_i 值增大，K_d 值减小，使系统缩短了稳态时间，抑制了振荡。因此在负荷大幅变化时与传统的 PID 控制器相比，控制精度高，动态性能好，而且参数整定方便。

2.2　锅炉燃烧的控制

蒸汽压力（P1104）、烟气含氧量（A1101）、炉膛负压（P1102）为三个被控变量，分别利用燃料流量（F1103）、空气流量（F1104）和引风流量（DO1101）作为三个操纵变量。这三个被控变量和操纵变量相互关联，组成合适的燃烧系统控制方案，以满足燃料燃烧所产生的热量适应蒸汽负荷的需要，使燃料与空气间保持一定比值，以保证最经济的燃烧（常以煤烟中的含氧量为被控变量），提高锅炉的燃烧效率，满足燃烧的完全和经济性。保持炉膛负压在一定的范围内，使锅炉安全运行。燃烧过程的自动控制系统与燃料种类、燃烧设备及锅炉形式有着密切的关系。燃烧过程控制任务很多，最基本的任务是使锅炉出口蒸汽压力稳定。当负荷变化时，通过调节燃料流量使之稳定。其次，要保证燃料燃烧良好，燃烧过程经济运行。既不能因为空气不足而使烟囱冒黑烟，也不能因为空气过多而增加热量损失。所以在增加燃料时，应先加大空气流量；在减少燃料时，也应先减少空气流量。总之，燃料流量与空气流量应保持一定的比值，或者烟道中的含氧量应保持一定的数值（而该数值应随负荷的变化而变化）。再次，为防止燃烧过程中火焰或烟气外喷，应该使排烟量与空气流量相配合，以保持炉膛负压不变。如果负压过小，甚至为正，则炉膛内热烟气向外冒出，影响人员和锅炉设备安全；如果负压过大，会使大量冷空气进入炉内，从而使热量损失增加，降低了燃烧效率。此外，燃烧嘴背压太高时可能燃烧流速过高而脱火；燃烧嘴背压太低时，有可能回火。因此，从安全考虑，应该设置一定的防备措施。

2.2.1　燃烧室控制（变比值控制）

我们采用的是一个以烟气含氧量（AT1101）为被控变量，燃料流量（F1103）与空气流量（F1104）为操纵变量的变比值控制系统，也称烟气含氧量的闭环控制系统。这一控制系统可以保证锅炉最经济燃烧。

在整个生产过程中保证最经济的燃烧，必须使燃料流量和空气流量保证最优比值。如果只保证了燃料流量和空气流量的比值关系，则并不能保证燃料的完全燃烧控制。原因有两个：其一，燃料的成分（如含水量、灰分等）有可能会变化；其二，流量测量的不准确。这些因素都会不同程度地影响燃料的不完全燃烧或空气的过量，造成锅炉的热效应下降，这就是燃烧流量和空气流量定比值的缺点。为了改善这一情况，最简单的方法是由一个指标来闭环修整两流量的比值。在这里采用烟气含氧量。

1. 为保证充分燃烧必须实现最佳含氧量

锅炉的热效率（经济燃烧）主要反映在烟气成分（特别是含氧量）和烟气温度两个方面。烟气中各种成分，如 O_2、CO_2、CO 和未燃烧烃的含量，基本可以反映燃料燃烧的情况。最简单的方法是用烟气含氧量 A_0 来表示。

根据燃烧反应方程式，可以计算出燃料完全燃烧时所需的氧量，从而得所需空气量，称为理论空气量 Q_T。而实际上完全燃烧所需要的空气量 Q_P 要超过理论计算的量，超过理论空气量的这部分称为过剩空气量，如图 2-8 所示。由于烟气的热损失占锅炉热损失的大部分，当过剩空气量增多时，一方面使炉膛温度降低，另一方面使烟气损失增加。因此，过剩空气量对不同的燃料都有一个最优值，以满足最经济燃烧的要求。过剩空气量常用过剩空气系数 α 来表示，定义为实际空气量 Q_P 和理论空气量 Q_T 之比：

$$\alpha = \frac{Q_P}{Q_T}$$

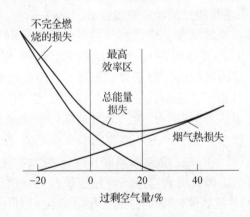

图 2-8　燃烧充分度

因此，α 是衡量经济燃烧的一种指标。过剩空气系数 α 很难直接测量，但与烟气含氧量 A_0 有关，可近似表示为

$$\alpha = \frac{21}{21 - A_0}$$

图 2-9 所示为过剩空气系数 α 与烟气含氧量 A_0、锅炉效率的关系。当 $\alpha = 1 \sim 1.6$ 时，α 与 A_0 接近直线关系；当 $\alpha = 1.08 \sim 1.15$（最佳过剩空气量为 8% ~ 15%）时，烟气含氧量 A_0 的最优值为 1.6% ~ 3%。从图 2-9 中也可以看出，过剩空气量为 8% ~ 15% 时，锅炉有最高效率。

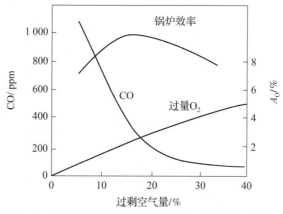

图 2 – 9　过剩空气系数与烟气含氧量、锅炉效率的关系

在控制方案中，选烟气含氧量 A_O 作为被控变量。当烟气含氧量变化时，表明燃烧过程中的过剩空气量发生变化，通过含氧量控制器来控制空气流量与燃料流量的比值 K，力求使 A_O 控制在最优设定值，从而使对应的过剩空气系数 α 稳定在最优值，保证锅炉燃烧最经济、热效率最高。可见，烟气含氧量闭环控制系统是将原来的定比值改为变比值，比值由含氧量控制器输出。

2. 依据负荷改变最优含氧值

在锅炉实际运行中，蒸汽负荷经常变动。蒸汽流量与烟气中最优含氧量之间是一曲线关系，如图 2 – 10 中折线所示，当负荷下降时，烟气含氧量降低，即应增加过剩空气量。所以可以引入蒸汽流量对过剩空气的最优值进行修正，这样可以保证锅炉在不同负荷时，始终处于最佳过剩空气量的情况下运行。

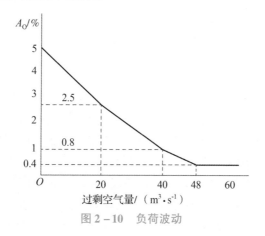

图 2 – 10　负荷波动

实施时应注意，为快速反映烟气含氧量，对烟气含氧量的检测变送系统应选择正确。目前，常选用氧化锆氧量仪表检测烟气含氧量，其控制结构如图 2 – 11 所示。

3. 满足逻辑提降

正常情况下，是蒸汽压力对燃料流量的串级控制系统和燃料流量对空气流量的比值控制系统。蒸汽压力控制器 PC 是反作用的。当蒸汽压力下降时（如因负荷增加)，压力控制器输出增加，从而提高了燃料流量控制器的设定值。但如果空气量不足，则会造成燃烧不完全。

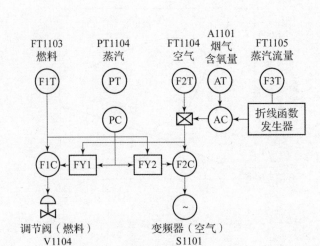

图 2 – 11　氧化锆氧量仪的控制结构

为此，设有低限选择器 FY1，它只允许两个信号中较小的通过，这样保证燃料量只在空气量足够的情况下才能加大。压力控制器的输出信号将先通过高限选择器 FY2 来加大空气流量，保证在增加燃料流量之前先把控制量加大，使燃烧完全。当蒸汽压力上升时，压力控制器输出减小，降低了燃料流量控制器的设定值，在减少燃料量的同时，通过比值控制系统，自动减少空气流量。其中比值由含氧量控制器输出。可见，它是能够满足逻辑提降要求的变比值控制系统。

我们相信该系统不仅能够保证在稳定工况下空气流量和燃料流量在最佳比值，而且在动态过程中能够尽量维持空气流量、燃料流量配比在最佳值附近，具有良好的经济和社会效益。

2.2.2　炉膛负压控制（前馈 – 反馈控制）

为了防止炉膛内火焰或烟气外喷，炉膛中要保持一定的微负压。炉膛负压控制系统中被控变量是炉膛负压（P1102）（控制在负压），操纵变量是引风量（DO1101）。当锅炉负荷变化不大时，可采用单回路控制系统。当锅炉负荷变化较大时，应引入扰动量的前馈信号，组成前馈 – 反馈控制系统。当锅炉负荷变化较大，蒸汽压力的变动也较大时，可引入蒸汽压力的前馈信号，组成如图 2 – 12 所示的前馈 – 反馈控制系统。

若扰动来自送风机时，送风量随之变化，引风量只有在炉膛负压产生偏差时，才由引风调节器去调节，这样引风量的变化落后于送风量，必然造成炉膛负压的较大波动。为此可引入送风量的前馈信号，构成如图 2 – 12 所示的前馈 – 反馈控制系统。这样可使引风调节器随送风量协调动作，使炉膛负压保持恒定。

图 2 – 12 所示前馈 – 反馈控制系统的传递函数为

$$\frac{\theta_0(s)}{Q(s)} = \frac{G_{PD}(s)}{1 + G_C(s)G_{PC}(s)} + \frac{G_{ff}(s)G_{PC}(s)}{1 + G_C(s)G_{PC}(s)}$$

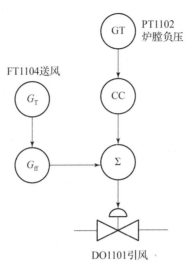

图 2-12　前馈-反馈控制系统

应用不变性原理条件：当 $Q(s) \neq 0$ 时，要求 $\theta_0(s) = 0$，代入上式，可导出前馈控制器的传递函数为

$$G_{ff}(s) = -\frac{G_{PD}(s)}{G_{PC}(s)}$$

前馈-反馈系统具有以下优点：

从前馈控制角度，由于增添了反馈控制，降低了对前馈控制模型的精度要求，并能对未选作前馈信号的干扰产生校正作用。

从反馈控制角度，由于前馈控制的存在，对干扰做了及时的粗调，大大减小了控制的负担。

2.2.3　过热蒸汽温度的控制（混合型模糊 PID 控制）

以过热蒸汽温度（T1104）为被控变量，喷水量（V1103）为操纵变量，维持过热蒸汽温度在一定范围内，并保证管壁温度不超过允许的工作温度。设备中蒸汽过热系统包括过热器、减温器。过热蒸汽是锅炉汽水通道中温度最高的。过热器正常运行时的温度一般接近材料所允许的最高温度。如果过热蒸汽温度过高，则过热器容易损坏，也会严重影响运行安全。若过热蒸汽温度过低，则设备的效率降低。因此对过热器出口蒸汽温度应加以控制，使它不超出规定范围。

影响过热器出口温度的因素有很多，如蒸汽流量、燃烧工况、引入过热器的蒸汽热焓（减温水流量）、流经过热器的烟气温度和流速等。在各种扰动下，过热器出口温度的各个动态特性都有较大的时滞和惯性，因此选择合适的操纵变量和合理的控制方案对于控制系统满足工艺要求是十分必要的。

选用减温水流量作为操纵变量，过热器出口温度作为被控变量，可组成单回路控制系统。但是控制通道的时滞和时间常数都较大，此单回路控制系统往往不能满足要求。

为此采用模糊控制理论与常规 PID 控制相结合的方式重新对蒸汽温度调节系统进行设

计，形成了"混合型模糊 PID 系统"，如图 2 - 13 所示。相信能有效地解决汽温控制系统的难点问题。

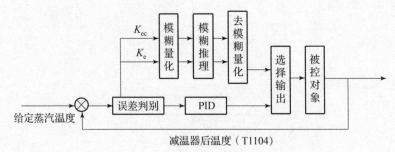

图 2 - 13　混合型模糊 PID 系统框图

模糊控制具有人工智能化，不需要掌握对象过程的精确数学模型，对过程参数的变化具有较高的适应性，可以明显加快系统的响应速度和减小系统调节响应时间等特点。模糊控制的控制效果取决于模糊规则的制定。模糊控制具有不依赖于精确的数学模型、不受系统外部因素影响的特点，具有较好的鲁棒性，可以解决系统流量小的超调量和响应速度快之间的矛盾，这是常规 PID 控制器难以做到的。该控制器的性能主要取决于模糊控制表的性能，该模糊控制定义如下：

设偏差 E 的语言变量为 E，其相应模糊子集为 $A_i(i=1,2,3,4,5,6,7,8,9,10,11,12,13)$，论域为 X，划分为 13 个等级，即 $X = \{-6,-5,-4,-3,-2,-1,0,1,2,3,4,5,6\}$；

设偏差变化率 ΔE 的语言变量为 E_C，其相应模糊子集为 B_j，论域为 Y，划分为 13 个等级，即 $Y = \{-6,-5,-4,-3,-2,-1,0,1,2,3,4,5,6\}$；

设输出控制量 U 的语言变量为 U，其相应模糊子集为 C_k，论域为 Z，划分为 15 个等级，即 $Z = \{-7,-6,-5,-4,-3,-2,-1,0,1,2,3,4,5,6,7\}$；

根据经验"控制主汽温的变化率，防止出现较大超调"得到

$$\text{if} \quad E = A_i \quad \text{AND} \quad E_C = B_j \quad \text{then} \quad U = C_k$$

通过模糊推理的方法，可得出模糊查询表，如表 2 - 1 所示。

表 2 - 1　模糊查询表

U ＼ E_C ＼ E	-6	-5	-4	-3	-2	-1	0	1	2	3	4	5	6
-6	+7	+7	+6	+6	+4	+4	+4	+2	+1	+1	0	0	0
-5	+7	+7	+6	+6	+4	+4	+4	+2	+1	+1	0	0	0
-4	+7	+7	+6	+6	+4	+4	+4	+2	+1	+1	0	0	0
-3	+6	+6	+6	+6	+5	+5	+5	+2	+2	0	-2	-2	-2
-2	+6	+6	+6	+6	+4	+4	+1	0	0	-3	-4	-4	-4
-1	+6	+6	+6	+6	+4	+4	+1	0	-3	-3	-4	-4	-4
0	+6	+6	+6	+6	+4	+1	0	-1	-4	-6	-6	-6	-6

U ＼ E_C ＼ E	-6	-5	-4	-3	-2	-1	0	1	2	3	4	5	6
1	+4	+4	+4	+3	-1	0	-1	-4	-4	-6	-6	-6	-6
2	+4	+4	+4	+2	0	0	-1	-4	-4	-6	-6	-6	-6
3	+2	+2	+2	0	0	0	-1	-3	-3	-6	-6	-6	-6
4	0	0	0	-1	-1	-3	-4	-4		-6	-6	-7	-7
5	0	0	0	-1	-1	-2	-4	-4		-6	-6	-7	-7
6	0	0	-1	-1	-1	-4	-4	-4		-6	-6	-7	-7

模糊控制器的动态性能较好而静态性能不够理想，所以采用以模糊控制器和常规 PID 调节器并列使用，通过结合两者的优点，从而能得到满意的控制性能。

当误差小于给定阈值时采用 PID 控制，以提高系统的控制精度；当误差大于给定阈值时采用模糊控制，采用模糊控制能最大限度地抑制动态偏差，使系统过渡过程缩短并保持过程的稳定，提高了调节品质，具有抗大扰动能力。我们采用的控制方案是智能控制与常规控制的一种成功结合。

2.2.4　炉膛安全控制

1. 防止回火的联锁控制系统

当燃料压力过低，炉膛内压力大于燃料压力时，会发生回火事故。为此采用选择性控制系统，防止回火事故发生。将喷嘴背压的信号送背压控制器，与蒸汽压力和燃料量串级控制系统进行选择控制。正常时，由蒸汽压力和燃料量组成的串级控制系统控制燃料控制阀，一旦喷嘴背压低于设定值，则背压控制器输出增大，经高选器后取代原有串级控制系统，根据喷嘴背压控制燃料控制阀。

2. 防止脱火的选择控制系统

当燃料压力过高时，由于燃料流速过快，易发生脱火事故。设置燃料压力和蒸汽压力的选择性控制系统。图 2-14 所示为防止回火和脱火的系统，并设置回火报警系统。防止脱火采用低选器，防止回火采用高选器。$Q_{\min}$ 表示防止回火的最小流量对应的仪表信号。正常时，燃料控制阀根据蒸汽负荷的大小调节。一旦燃料压力过高，燃料压力控制器 P2C 的输出减小，被低选器选中，由燃料压力控制器 P1C 取代蒸汽压力控制器，防止脱火事故发生。

3. 燃料量限速控制系统

当蒸汽负荷突然增加时，燃料量也会相应增加。当燃料量增加过快时，会损坏设备。为此，在蒸汽压力控制器输出设置限幅器，限定最大增速在一定的范围内，保护设备免受损坏。

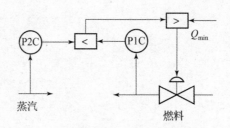

图 2 – 14　防止回火和脱火的系统

2.3　除氧器控制

2.3.1　除氧器水位控制（单回路比例调节）

除氧器水位过高影响除氧效果，缺水造成锅炉缺水事故。但扰动因素少，对水位波动范围要求不高。采用单闭环控制系统，被控变量为除氧器水位（LT1101），操纵变量为进水流量（V1106），如图 2 – 15 所示。

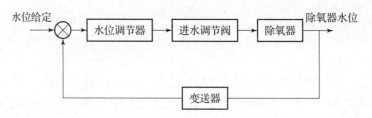

图 2 – 15　除氧器水位控制框图

稳态时调节器无水位偏差信号输入，也无输出，进水调节阀不动。当锅炉给水流量变化（阶跃扰动）时，给定水位与反馈产生偏差信号输入调节器，调节器输出信号作用操作器，调节除氧器进水流量，使水位稳定保持在规定范围内。

在控制类型上选用比例控制即可。

2.3.2　除氧器压力控制（单回路比例积分调节）

除氧器压力低，除氧效果下降；压力高，不安全和浪费能源。这里选除氧器压力（P1106）为被控变量，蒸汽量（V1106）为操纵变量。

如图 2 – 16 所示，采用单闭环调节系统。当进水流量变化时，压力反馈与给定值的偏差信号输入调节器，调节器输出改变进汽调节阀开度，调节进入除氧器的蒸汽流量，保持除氧器压力稳定在规定范围内。在控制类型上选用比例积分控制即可。

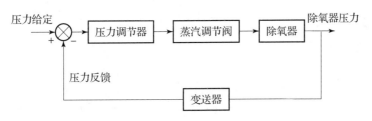

图 2 - 16　除氧器压力控制框图

2.4　控制器

使用高效的工程工具 STEP7，模块化的组态编程降低维护费用（采用 MMC 微存储卡，无须后备电池，工程项目可以在 MMC 卡中归档，简单地更换 MMC 卡即可完成项目替换），故采用的是西门子 S7 - 300 PLC。

S7 - 300 是模块化的 PLC 系统，采用标准的以太网通信，每个控制器可以控制 2 048 个 I/O 口，其中模拟量 I/O 口的数量为 256 个。与上位机通信采用工业以太网，通信速率较高。现场设备和现场传感器分布集中且离上位机很近，可以选择直接把信号接到 CPU 所在的基站的 I/O 模块上，不需采用分布式远程 I/O。

2.4.1　PLC 模块说明

表 2 - 2 所示为 PLC 模块属性。

表 2 - 2　PLC 模块属性

模块型号、购货号、数量	属性
中央处理单元 CPU 315 - 2 DP，6ES7 315 - 2AG10 - 0AB0，1 块	• 具有中、大规模的程序存储容量和数据结构，如果需要，可以供 SIMATIC 功能工具使用； • 对二进制和浮点数运算具有较高的处理能力； • PROFIBUS - DP 主站/从站接口； • 可用于大规模的 I/O 配置； • 可用于建立分布式 I/O 结构； • CPU 运行需要微存储卡（MMC）。 这些模块的设计用于： • 环境温度 - 25 ~ + 70 ℃，允许有冷凝； • 适用于特殊介质负载的环境，如空气中含氯和硫
电源模块 PS 307，2 A，6ES7 307 - 1BA80 - 0AA0，1 块	• 输出电流为 2 A； • 输出电压为 24 V DC，短路和断路保护； • 与单相交流电源连接（额定输入电压 120/230 V AC，50/60 Hz）； • 安全隔离符合 EN 60950； • 可用作负载电源

续表

模块型号、购货号、数量	属性
模拟输入模块 SM 331； AI 8×12 位； 6ES7 331－7KF02－0AB0，3 块； 预计用 20 路信号，备 4 路	• 4 个通道组中的 8 点输入； • 在每个通道组，测量类型可编程：电压、电流、电阻、温度； • 每个通道组的分辨率均可编程（9/12/14 位＋符号）； • 每个通道组的任意测量范围选择； • 可编程诊断和诊断中断； • 2 个通道的可编程限制值监视； • 超过限制值时的可编程过程中断； • 电隔离 CPU 和负载电压
模拟输出模块 SM 332； AO 8×12 位； 6ES7 332－5HF00－0AB0，2 块； 预计用 9 路，备 7 路	• 一个组中 8 个输出； • 各个通道可以选择输出：电压输出、电流输出； • 分辨率 12 位； • 可编程诊断和诊断中断； • 可编程诊断中断； • 与背板总线接口和负载电压的电隔离
数字输入模块 SM 321； DI 32×DC 24 V； 6ES7 321－1BL00－0AA0，1 块； 暂不确定，多备	• 32 点输入，电隔离为 16 组； • 额定输入电压 24 V DC； • 适用于开关以及 2－/3－/4－线接近开关（BERO）
继电器输出模块 SM 322； DO 8×Rel，AC 230 V； 6ES7 322－1HF01－0AA0，1 块； 预计用 4 路，备 4 路	• 8 点输出，电隔离为 2 组； • 额定负载电压为 24～120 V DC，48～230 V AC； • 适用于 AC/DC 电磁阀、接触器、电机启动器、FHP 电机和信号灯
通信模块 5611　1 块	

2.4.2　卡件功能图

PLC 卡件功能如图 2 - 17 所示。

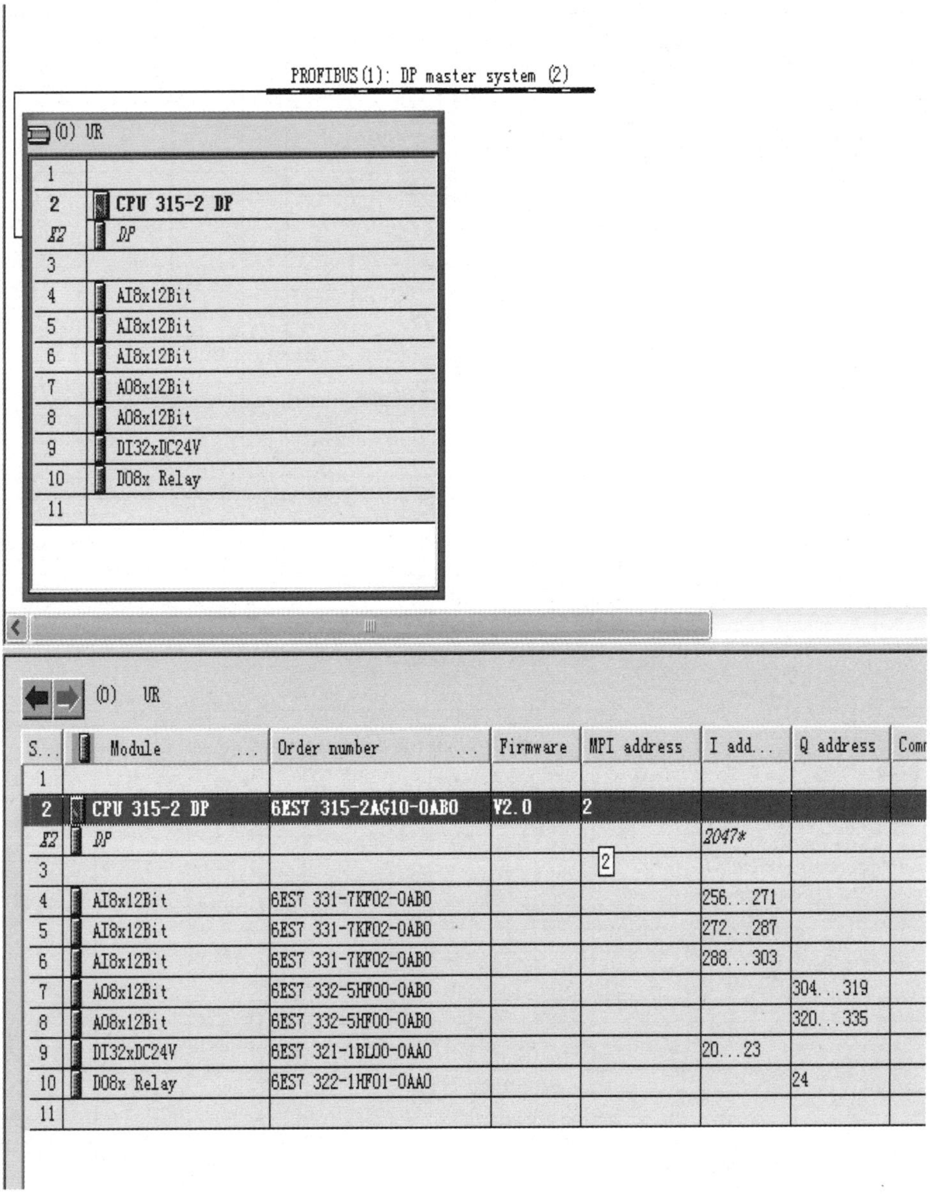

PROFIBUS(1): DP master system (2)

(0) UR	
1	
2	CPU 315-2 DP
X2	DP
3	
4	AI8x12Bit
5	AI8x12Bit
6	AI8x12Bit
7	AO8x12Bit
8	AO8x12Bit
9	DI32xDC24V
10	DO8x Relay
11	

(0) UR

S...	Module	Order number	Firmware	MPI address	I add...	Q address	Comm
1							
2	CPU 315-2 DP	6ES7 315-2AG10-0AB0	V2.0	2			
X2	DP				2047*		
3				2			
4	AI8x12Bit	6ES7 331-7KF02-0AB0			256...271		
5	AI8x12Bit	6ES7 331-7KF02-0AB0			272...287		
6	AI8x12Bit	6ES7 331-7KF02-0AB0			288...303		
7	AO8x12Bit	6ES7 332-5HF00-0AB0				304...319	
8	AO8x12Bit	6ES7 332-5HF00-0AB0				320...335	
9	DI32xDC24V	6ES7 321-1BL00-0AA0			20...23		
10	DO8x Relay	6ES7 322-1HF01-0AA0				24	
11							

图 2 - 17　PLC 卡件功能

2.4.3　输入输出变量表

根据设计要求，依据模拟量和数字量输入与输出通道数量，设计输入/输出变量表如图 2 - 18 ~ 图 2 - 21 所示。

序号 NO	工位号 TAG NO	工位注释 TAG COM	信号类型 SIG. STY	测量范围 RANGE	单位 UNIT	模件 MODULE 编号 SER. NO	通道 CH.	报警设定值 ALARM SP LL	L	H	HH	其他要求 MISCELLANEOUS 输入处理 SIG. CON	趋势 TRD	累计 TOTAL	报表 REPT	备注 REM
1	AI1101	烟气含氧量	mA	piw256	MD200	AI1	1		1.6%	3.0%						二线制
2	FT1101	锅炉上水流量	mA	piw258	MD202	AI1	2									二线制
3	FT1102	去减温器锅炉上水流量	mA	piw260	MD204	AI1	3									二线制
4	FT1103	燃料流量	mA	piw262	MD206	AI1	4									二线制
5	FT1104	空气流量	mA	piw264	MD208	AI1	5									二线制
6	FT1105	过热蒸汽流量	mA	piw266	MD210	AI1	6									二线制
7	FT1106	软化水流量	mA	piw268	MD212	AI1	7									二线制
8	FT1107	烟气流量	mA	piw270	MD214	AI1	8									二线制
1	PT1101	燃料压力	mA	piw272	MD216	AI2	1		0.29 MPa	0.31 MPa						二线制
2	PT1102	炉膛负压	mA	piw274	MD218	AI2	2			400 mmH₂O						二线制
3	PT1103	汽包压力	mA	piw276	MD220	AI2	3		4.8 MPa	5.5 MPa						二线制
4	PT1104	过热蒸汽压力	mA	piw278	MD222	AI2	4		3.75 MPa	3.85 MPa						二线制
5	PT1106	除氧器压力	mA	piw280	MD224	AI2	5		1900 mmH₂O	2100 mmH₂O						二线制
6	LT1101	除氧气水位	mA	piw282	MD226	AI2	6		370 mm	430 mm						二线制
7	LT1102	汽包水位	mA	piw284	MD228	AI2	7		270 mm	330 mm						二线制
8							8									二线制

信号类型 SIG.STY	说明 DESCRIPTION	信号类型 SIG.STY	说明 DESCRIPTION
V	1~5 V	mV	毫伏输入
mA	4~20 mA	PLS	脉冲输入
TC	热电偶		
RTD	热电阻		

1.0　竣工资料　　项目名称 PROJECT　西安职业技术学院　自然循环锅炉项目　系统I/O清单（AI1、AI2）
版次 REV.　说明 DESCRIPTION　设计 DSGN　校核 CHKD　审核 REVD　日期 DATE 09.03　图号 DWG NO 04P323-02-13　第 1 张 SHEET 1　共 1 张 OF 6

图 2 - 18　系统 I/O 清单（AI1、AI2）

序号 NO	工位号 TAG NO	工位注释 TAG COM	信号类型 SIG. STY	测量范围 RANGE	单位 UNIT	模件 MODULE 编号 SER. NO	通道 CH.	报警设定值 ALARM SP LL	L	H	HH	其他要求 MISCELLANEOUS 输入处理 SIG. CON	趋势 TRD	累计 TOTAL	报表 REPT	备注 REM
1	TT1101	炉膛中心火焰温度	mA	piw286	MD232	AI3	1									四线制
2	TT1102	汽水分离后过热蒸汽温度	mA	piw288	MD234	AI3	2									四线制
3	TT1103	进入减温器的过热蒸汽温度	mA	piw290	MD236	AI3	3									四线制
4	TT1104	最终过热蒸汽温度	mA	piw292	MD238	AI3	4		395℃	445℃						四线制
5	TT1105	烟气温度	mA	piw294	MD240	AI3	5		150℃	220℃						四线制
6							6									
7							7									
8							8									
9																
10																
11																
12																
13																
14																
15																
16																

信号类型 SIG.STY	说明 DESCRIPTION	信号类型 SIG.STY	说明 DESCRIPTION
V	1~5 V	mV	毫伏输入
mA	4~20 mA	PLS	脉冲输入
TC	热电偶		
RTD	热电阻		

1.0　竣工资料　　项目名称 PROJECT　西安职业技术学院　自然循环锅炉项目　系统I/O清单（AI3）
版次 REV.　说明 DESCRIPTION　设计 DSGN　校核 CHKD　审核 REVD　日期 DATE 09.03　图号 DWG NO 04P323-02-13　第 2 张 SHEET 2　共 1 张 OF 6

图 2 - 19　系统 I/O 清单（AI3）

序号 NO	工位号 TAG NO	工位注释 TAG COM	信号类型 SIG. STY	测量范围 RANGE	单位 UNIT	模件 MODULE 编号 SER. NO	通道 CH.	报警设定值 ALARM SP LL	L	H	HH	其他要求 MISCELLANEOUS 输入处理 SIG. CON	趋势 TRD	累计 TOTAL	报表 REPT	备注 REM
1	V1101	锅炉上水管线调节阀	AO	piw304	%	AO1	1									
2	V1102	直接去省煤器的锅炉上水管线调节阀	AO	piw306	%	AO1	2									
3	V1103	除氧器水位调节阀	AO	piw308	%	AO1	3									
4	V1104	去减温器的锅炉上水管线调节阀	AO	piw310	%	AO1	4									
5	V1105	过热蒸汽管线调节阀	AO	piw312	%	AO1	5									
6	V1106	软化水管线调节	AO	piw314	%	AO1	6									
7	PV1101	除氧蒸汽管线调节阀	AO	piw316	%	AO1	7									
8	S1101	鼓风机变频调节	AO	piw318	%	AO2	8									
1	DO1101	烟道挡板	AO	piw320	%	AO2	1									
2							2									
3							3									
4							4									
5							5									
6							6									
7							7									
8							8									

信号类型 SIG. STY	说明 DESCRIPTION	信号类型 SIG. STY	说明 DESCRIPTION
V	1~5 V	mV	毫伏输入
mA	4~20 mA	PLS	脉冲输入
TC	热电偶		
RTD	热电阻		

1.0	竣工资料
版次 REV.	说明 DESCRIPTION

西安职业技术学院

项目名称 PROJECT 自然循环锅炉项目

系统I/O清单（AO1、AO2）

设计 DSGN	校核 CHKD	审核 REVD	日期 DATE 09.03

图号 DWG NO 04P323-02-13　第 6 张 SHEET　共 1 张 OF 6

图 2-20　系统 I/O 清单（AO1、AO2）

序号 NO	工位号 TAG NO	工位注释 TAG COM	信号类型 SIG. STY	接点状态 CONTACT STATUS	模件 MODULE 编号 SER. NO	通道 CH.	用途 PURPOSE 报警 ALARM	联锁 INTERLOCK	记录 REC	备注 REMARKS
1	XV1101运行	锅炉上水泵出口阀/截止阀运行	ON/OFF	NO	DI1	1(20.0)				M1.0
2	XV1102运行	燃油泵出口阀/截止阀运行	ON/OFF	NO	DI1	2(20.1)				M1.1
3	XV1104运行	汽包顶部放空阀运行	ON/OFF	NO	DI1	3(20.2)				M8.2
4	XV1106运行	通入除氧器下水箱的除氧蒸汽管线阀动行	ON/OFF	NO	DI1	4(20.3)				M8.3
5	PV101运行	上水泵运行	ON/OFF	NO	DI1	5(20.4)				M8.4
6	P1102运行	燃料泵运行	ON/OFF	NO	DI1	6(20.5)				M8.5
7	K1101运行	风机运行	ON/OFF	NO	DI1	7(20.6)				M8.6
8	BT	火焰检测(应有)	ON/OFF	NO	DI1	8(20.7)				M8.7
1	DO1101运行	烟道挡板运行	ON/OFF	NO	DI1	1(21.0)				M1.0
2	SB1	硬复位	ON/OFF	NO	DI1	2(21.1)				M9.1
3	SB2	点火	ON/OFF	NO	DI1	3(21.2)				M9.2
4	SB3	急停	ON/OFF	NO	DI1	4(21.3)				M9.3
5			ON/OFF	NO	DI1	5(21.4)				
6			ON/OFF	NO	DI1	6(21.5)				
7			ON/OFF	NO	DI1	7(21.6)				
8			ON/OFF	NO	DI1	8(21.7)				

信号类型 SIG.STY	说明 DESCRIPTION	接点状态 CON.STATUS	说明 DESCRIPTION
PB	压钮输入	NC	常闭触点
ON/OFF	状态输入	NO	常开触点

1.0	竣工资料
版次 REV.	说明 DESCRIPTION

西安职业技术学院

项目名称 PROJECT 自然循环锅炉项目

系统I/O清单（DI1）

设计 DSGN	校核 CHKD	审核 REVD	日期 DATE 09.03

图号 DWG NO 04P323-02-13　第 3 张 SHEET　共 1 张 OF 6

图 2-21　系统 I/O 清单（DI1）

2.5 阀门选择

气动调节阀在过程控制工业中的使用最为广泛，气动执行器具有结构简单、动作可靠、性能稳定、维修方便、价格便宜、适用于防火防爆场合等特点，它不仅能与 QDZ 仪表配用，而且通过电–气转换器或阀门定位器与 DDZ 仪表配用。所以，气动调节阀广泛应用于石油、化工、冶金、电力、轻纺等工业部门，尤其适用于易燃易爆等生产场合。

1. 选择合适的控制阀结构

常见的控制阀结构有直通单座控制阀、直通双座控制阀、隔膜控制阀、三通控制阀、角形控制阀、套筒式控制阀、蝶阀、球阀、凸轮挠曲阀。

直通单座控制阀内只有一个阀芯与阀座。其特点是结构简单、泄漏量小、易于保证关闭，甚至完全切断。但是当压差大时，流体对阀芯上下作用的推力不平衡，这种不平衡力会影响阀芯的移动。考虑到小口径、低压差的应用场合，实际情况多采用直通单座控制阀。

2. 调节阀口径 C 值的选择

调节阀正常开度处于15%~85%，大于90%大开度（阀选小了）系统处于失控、非线性区；小于10%小开度（阀选大了）系统处于小开度，易振荡，同时易造成阀芯与阀座的碰撞，使调节阀损坏。

阀口径大小由流通能力 C 决定。C 值的定义：阀前后压差为 0.1 MPa，介质密度为 1 g/cm^3 时通过阀门的流体的质量流量，单位 t/h。考虑到试验设备，应采用较小口径。

3. 确定调节阀的气开与气关形式

依据：以调节阀失灵（膜头信号断开）时，阀门所处位置能保证正常安全生产。

4. 选择合适的流量特性

如图 2–22 所示，四种流量特性分别具有以下特点：

（1）直线流量特性。虽为线性，但小开度时，流量相对变化值大、灵敏度高、控制作用强、易产生振荡；大开度时，流量相对变化值小、灵敏度低、控制作用弱、控制缓慢。

（2）等百分比流量特性。放大倍数随流量增大而增大。所以，开度较小时，控制缓和平稳；大开度时，控制灵敏、有效。

（3）抛物线流量特性。在抛物线流量特性中，有一种修正抛物线流量特性，这是为了弥补直线特性在小开度时调节性能差的特点，在抛物线特性基础上衍生出来的。它在相对位移30%及相对流量20%以下为抛物线特性，超出以上范围为线性特性。

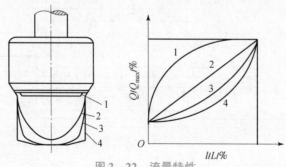

图 2–22 流量特性

1—快开；2—直线；3—抛物线；4—等百分比

（4）快开流量特性。快开流量特性的阀芯是平板形的。它的有效位移一般是阀座的1/4，位移再大时，阀的流通面积就不再增大，失去了控制作用。快开阀适用于迅速启闭的切断阀或双位控制系统。

在具体选择调节阀的流量特性时，根据被控过程特性来选择调节阀的工作流量特性，其目的是使系统的开环放大系数为定值。若过程特性为线性，可选用线性流量特性的调节阀；若过程特性为非线性，应选用等百分比流量特性的调节阀。

在过程控制系统的工程设计中，既要解决理想流量特性的选取，也要考虑阻力比 S 值的选取：$S = \Delta P / \Sigma \Delta P$，式中，$\Delta P$ 为系统总压差；$\Sigma \Delta P$ 为阀、全部工艺设备和管路系统上的各压差之和。当 $S > 1$ 且比较接近 1 时，可以认为理想特性与工作特性的曲线形状相近，此时工作特性选什么类型，理想特性就选相同的类型；当 $S < 6$ 时，理想特性有显著变化。调节阀流量特性无论是线性的还是对数的，均应选择对数的理想流量特性。

被控对象可以分为流量、水位、温度、压力四个部分，根据不同对象的不同特性，采用不同的控制方法。流量、水位、压力滞后时间小、响应快、线性控制，一发生变化阀门马上要响应；温度响应较慢，需要加入微分特性。阀门选型如表 2 - 3 所示。

表 2 - 3　阀门选型

阀门名称	气开气关	流量特性	输入输出
V1101 锅炉上水管线调节阀	气开	线性	AO
V1102 直接去省煤器的锅炉上水管线调节阀	气开	等百分	AO
V1103 去减温器的锅炉上水管线调节阀	气开	等百分	AO
V1104 燃料管线调节阀	气开	线性	AO
V1105 过热蒸汽管线调节阀	气开	线性	AO
V1106 软化水管线调节阀	气开	线性	AO
PV1106 除氧蒸汽管线调节阀	气开	线性	AO
XV1101 锅炉上水泵出口阀/截止阀	气开		DO
XV1102 燃料泵出口阀/截止阀	气开		DO
XV1104 汽包顶部放空阀	气关		DO
XV1106 通入除氧器下水箱的除氧蒸汽管线阀	气开		DO

2.6　控制逻辑与画面设计

2.6.1　启动顺序控制

根据自然循环锅炉控制的具体要求，分析其启动顺序控制流程，如图 2 - 23 所示。

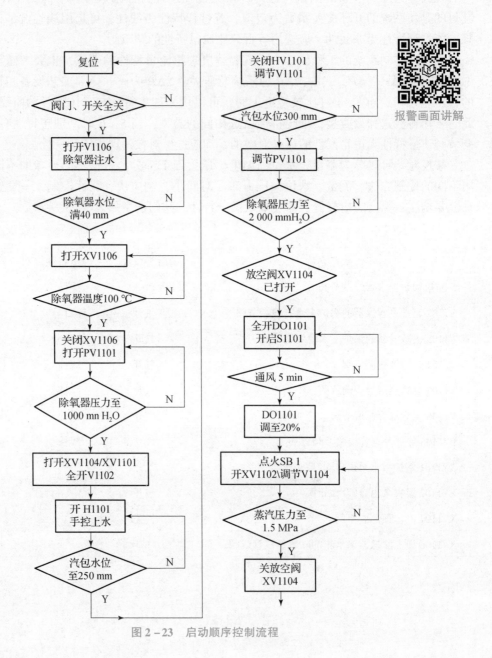

报警画面讲解

图 2-23　启动顺序控制流程

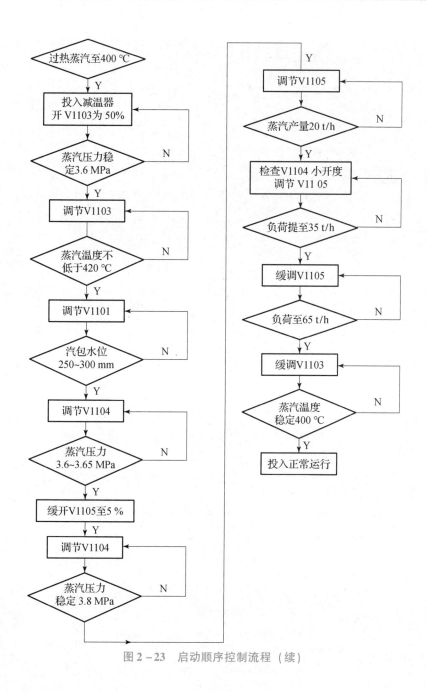

图 2 – 23 启动顺序控制流程（续）

2.6.2 联锁画面设计

联锁画面如图 2 – 24 所示。

2.6.3 报警画面设计

报警依据各测量值的上下限及其作用确定。报警画面如图 2 – 25 所示。

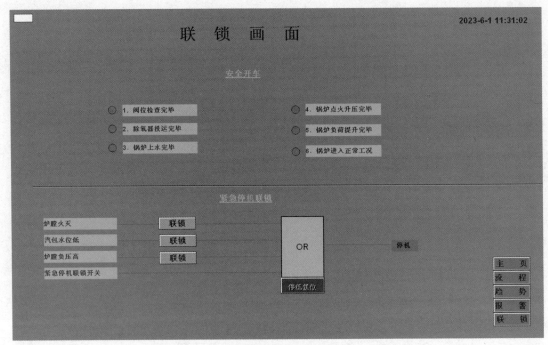

图 2-24 联锁画面

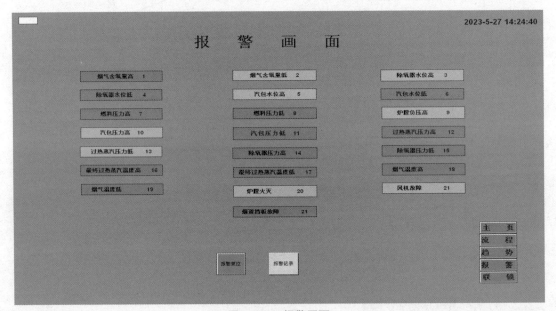

图 2-25 报警画面

项目总结

  该项目以自然循环锅炉为例开展控制系统研究,是全国大学控制大赛经典案例。根据控制要求完成再现了设计的全过程,先从自然循环锅炉流程控制画面设计开始,针对汽包水位控制的难点采用自校正模糊 PID 的汽包三冲

联锁界面讲解

量水位控制解决"假水位"现象；针对高温燃烧室采用前馈、串级等方式解决大惯性高延时问题。其次根据工艺要求选择了流量阀、安全联锁方案。最后实现了硬件选择和网络布线，满足了控制工艺要求。

项目评价

各组设计各项控制策略，完成控制指标，请同学及教师完成评分，如表2-4所示。

表2-4　项目评分表

序号	评分项目	评分标准	分值	小组互评	教师评分
1	汽包水位控制	（1）控制策略选择错误扣2分。 （2）参数设置不合理扣2分。 （3）未能完成控制指标扣3分	10分		
2	燃烧室控制	（1）控制策略选择错误扣2分。 （2）参数设置不合理扣2分。 （3）未能完成控制指标扣3分	10分		
3	除氧器控制	（1）控制策略选择错误扣2分。 （2）参数设置不合理扣2分。 （3）未能完成控制指标扣3分	10分		
4	控制器及控制模块搭建	（1）控制器选择不合理扣2分。 （2）模块搭建不合理扣2分。 （3）参数设定不合理扣2分。 （4）存在通信故障扣2分	10分		
5	设计卡件分布图	（1）布局设计不合理扣2分。 （2）存在模块缺失扣2分。 （3）制图不规范扣2分	10分		
6	阀门设计与选择	（1）阀门类型选择错误扣2分。 （2）阀门口径选择错误扣2分。 （3）不能完成控制指标扣2分	10分		
7	安全启动界面设计	（1）流程图错误扣2分。 （2）启动条件不合理扣2分	10分		
8	联锁画面设计	（1）联锁条件设定不合理扣2分。 （2）联锁画面有错误点扣3分。 （3）不能完成控制指标扣3分	10分		

序号	评分项目	评分标准	分值	小组互评	教师评分
9	建立报警画面设计	（1）报警条件设定不合理扣2分。 （2）报警画面有错误点扣2分。 （3）报警限值不合理扣3分	10分		
10	职业素养与安全意识	（1）工具使用不规范扣2分。 （2）团队配合不紧密扣2分。 （3）没有创新元素扣2分。 （4）缺乏安全意识扣2分	10分		
		总分			

项目 3

温室大棚智能控制系统
——"互联网+"创新创业大赛优秀案例

学习目标

知识目标

- 掌握电气控制市场竞品痛点调研方法。
- 掌握温室控制单片机、可编程控制器技巧与方法。
- 掌握温湿度模糊控制方法及参数设定技巧。
- 掌握二氧化碳浓度前馈–反馈控制方法及参数设定技巧。
- 掌握 ZigBee 无线组网实现远程监控方法。
- 掌握电气产品商业竞争规划、营销战略、公司管理策略的制定方法。
- 掌握电气产品销售收入、成本费用和销售税金核算的方法。
- 掌握电气产品盈利分析的要素制定及分析报告的制定方法。
- 掌握电气产品政策性风险、市场风险、财务风险及管理风险的规避策略。

能力目标

- 能够具备电气产品市场痛点调研、分析能力。
- 能够根据客户需求选择不同控制器完成任务。
- 能够针对性解决温湿度耦合、气肥充分利用、实现远程监控等控制难点。
- 能够根据电气产品特征制定售后服务策略。
- 能够制定温室智能控制产品的商业竞争规划、营销战略、创新型公司管理制度。
- 能够制定温室智能控制产品的成本费用核算。
- 能够制定温室智能控制产品的盈利分析报告。
- 能够掌握各项风险规避机制。
- 能够针对产品制定创业板上市及其他企业收购等退出机制。

素养目标

- 培养学生语言表达能力。
- 培养学生创新理念和创新意识。
- 培养学生商业规划能力。
- 培养学生团队合作能力。

项目描述

图 3 – 1 所示为农业机械化。

图 3 – 1　农业机械化

——如何增产增收？

"粗放式"是我国农业发展面临的最大困境。图 3 – 2 所示为土壤污染。

图 3 – 2　土壤污染

——如何走节约路线？

图 3 – 3 所示为农产品多样性。

图 3－3　农产品多样性

——如何"豪横"地吃上果蔬？

20 世纪 70 年代，国外的温室生产开始以较快的速度发展，特别是欧美发达国家率先实现了机械化。由于当时技术水平的限制，对生态环境因素的控制采用单因子控制，即对温度、湿度、光照和二氧化碳浓度进行单独分别控制的方法，主要控制温度，其次是湿度（空气湿度、土壤湿度）。例如，在控制温度时，只是控制温度的改变，而不影响其他因素，要改变其他因素，则要实施另外的控制过程，才能达到一定温度条件下其他相关环境因素的配合。但是，外界气候的变化随时影响温室内的小气候，靠人工指令随时进行相应改变很难实现，并且各控制变量之间相互影响、相互融合，如阴雨天需要补光，补光又会带来温度上升和相对湿度下降，要达到拟定的控制效果，又涉及几个执行机构，这是一个复杂的控制过程。

温室系统讲解

随着计算机技术的发展，温室控制开始采取多因素综合控制方法，即利用计算机控制温室环境因素的方法。此方法是将各种作物在不同生长发育阶段需要的适宜环境条件要求输入计算机程序，当某一环境因素发生改变时，其余因素自动做出相应修正或调整。一般以光照条件为始变因素，温度、湿度和二氧化碳浓度为随变因素，使这 4 个主要环境因素随时处于最佳配合状态。进入 21 世纪，在多因子环境控制中，采用了模糊控制、多变量控制等先进技术，并利用这些先进技术开发环境自动控制的计算机软件系统。目前，很多发达国家可以根据作物的要求和特点，对温室内光照、温度、水、气、肥等诸多因子进行自动调控甚至利用温差管理技术，实现对花卉、果蔬等产品的开花和成熟期进行控制，以满足生产和市场的需要。

近几年随着科学技术的进一步发展，温室控制技术也在发生日新月异的变化。一些国家在实现了作业和控制自动化的同时也进行人工智能的广泛应用研究，开发用于温室管理、决策、咨询等方面的专家系统软件，利用遥测技术、网络技术进行温室的远程控制、管理诊断及实时环境监控，为用户提供各类信息服务，如产品购销市场、信息技术支持与服务、气象信息等，真正做到无人值班、远程监控、完全自动化。

20 世纪 80 年代中期，国人对原有日光温室的建筑结构、环境调控技术和栽培技术进行了全面的改进，在完全不加热或仅有极少量加热的条件下，在严冬生产喜温果菜。图 3－4 所示为人工大棚。

图 3-4　人工大棚

本世纪初，我国引进了设施环境控制设备与手段都很先进的温室设施。然而，一方面由于现代化温室在我国能源消耗太大，国情国力难以承受；另一方面，温室生产是一个复杂的过程，是硬件设施和软件技术的统一体，而我国缺乏相应的管理人才；再者，由于地域、水土、气候乃至资源的差异，引进的国外系统并不完全适合于我国国情，引进设备并没能充分发挥其作用，且成本高、维护困难。我国院校、科研机构围绕主要蔬菜的环境控制问题展开了试验研究，并取得了一定成效。但总体来讲，我国设施农业中环境控制能力低，自动化程度十分落后，适应自然条件能力差。

从温室因素控制方面来看，我国的温室监控系统大多还停留在单因子控制阶段，比较少的有定型产品，没有形成产业化结构，这也导致了我国温室产业的发展缓慢。

我国是农业大国，却非农业强国。近 30 年来农业高产量主要依靠农药化肥的大量投入，大部分化肥和水资源没有被有效利用而随地弃置，导致大量养分损失并造成环境污染。农业生产仍然以传统生产模式为主，传统耕种只能凭经验施肥灌溉，不仅浪费大量的人力物力，也对环境保护与水土保持构成严重威胁，对农业可持续性发展带来严峻挑战。图 3-5 所示为传统农业。

图 3-5　传统农业

我国人口占世界总人口的 18%，耕地面积只占世界耕地面积的 7%，随着经济的飞速发展，人民生活水平不断提高，资源短缺、环境恶化与人口剧增的矛盾越来越突出。因此，如何提高我国农产品的质量和生产效率，如何对大面积土地规模化耕种开展实时信息技术指导下科学的精确管理，是一个既前沿又当务之急的科研课题。而现实情况是，粗放的管理与滥用化肥，其低效益和环境污染令人惊叹。将智能控制技术及先进的无线通信技术融入设施农业生产中实现农业现代化必然是解决当前困境的一剂良药。图 3-6 所示为智能大棚。

图 3－6　智能大棚

知识准备

- 市场调研报告与商业策划书写需要应用文写作相关知识。
- 控制器选用涉及单片机应用和可编程控制器课程知识。
- ZigBee 无线组网需要掌握传感网搭建课程相关知识。
- 控制策略的选择需要有自动控制原理课程知识。
- 营销策略要掌握基础的商业销售逻辑，创新型公司制度需要深入掌握企业管理课程。
- 销售收入、成本费用、销售税金核算、退出机制需要相关财会基础课程知识。

项目实施

3.1　温室大棚市场

3.1.1　市场空间

目前，我国大棚的数量、面积世界第一，但99.9%的温室大棚依靠的是手动控制。神农农业科技有限公司（以下称神农公司）根据自身特点吸取相关企业发展经验教训，采取避险策略，分阶段细分目标市场。一方面关注设施农业强的省市地区，如北京、天津、辽宁等；另一方面更加重视发展势头强劲而设施农业尤其是温室大棚发展薄弱的地区，如陕西。在最近一次农业普查中陕西的温室大棚建造面积仅为 0.07 km²，这个数量大概是山西、河南的万分之一，这与陕西这个西部大开发桥头堡的地位是不相符的。陕西农村产业规划曾提出在 2020 年初步实现农业现代化，在我们看来一方面任重道远，另一方面作为农业科技企业也将迎来发展的最佳时机。

3.1.2　市场痛点

目前，我国大多数农业生产主要依靠人工经验管理，缺乏系统的科学指导。温室大棚栽培技术的发展,对于农业现代化进程具有深远的影响。温室大棚智能控制系统可以很大程度上解决我国城乡居民消费结构转型和农民增收,为推进农业结构调整发挥了重要作用,大棚种植已在农业生产中占有重要地位。从农产品生产不同的阶段来看,无论是从种植的培育阶段和收获阶段,都可以用智能控制来提高它的工作效率和精细管理。

增产增收。相关资料表明,温室大棚智能控制使农作物的物质营养得到合理利用,保证了农产品的产量和质量。通过各类传感器和智能控制设备,对农作物的生长过程进行动态监测和控制,实现室内的温度、湿度、灌溉、通风、二氧化碳浓度和光照等自动控制的大棚中,每平方米大棚一季可产番茄 30~50 kg,黄瓜 40 kg,相当于露地栽培产量 10 倍以上。其他各类作物在这种环境下的产量也将得到明显的提升。

节约能源。温室大棚控制系统可以准确采集温度、湿度、土壤含水量、光照度、雨雪天气、风速等参数,并将室内温、光、水等诸多因素综合直接协调到最佳状态,据计算,可有效节水、节肥、节药,使整体能耗降低 15%~50%。

(1) 合理施用化肥,降低生产成本,减少环境污染。

采用因土、因作物、因时间全面平衡施肥,彻底扭转传统农业中因经验施肥而造成的"三多三少"(化肥多,有机肥少;氮肥多,磷、钾肥少;"三要素"肥多,微量元素少),氮、磷、钾比例失调的状况,因此有明显的经济和环境效益。

(2) 减少和节约水资源。

传统农业因大水漫灌和沟渠渗漏对灌溉水的利用率只有 40% 左右,温室大棚控制系统可根据作物动态监控技术定时定量供给水分,可通过滴灌微灌等一系列新型灌溉技术,使水的消耗量减少到最低程度,并能获取尽可能高的产量。图 3-7 所示为大棚能耗。

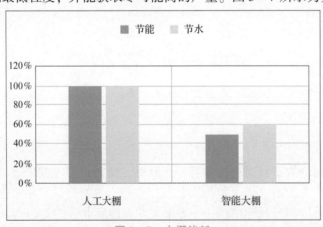

图 3-7 大棚能耗

作物多样化。温室大棚控制系统对室温生产环境的改善,可以使一些在此前的耕作条件下较难种植的作物得以生长,并为新品种作物的培育提供更好的条件,有利于推广高附加值的经济作物,提升单位面积的农业经济产值,促进农户增产增收。

总而言之,温室大棚控制系统能大大提高生产管理效率、节省人工。例如,对于大型农场来说,几千亩的土地如果用人力来进行浇水施肥、手工加温、手工卷帘等工作,其工作量相当庞大且难以管理,如果应用了温室大棚智能控制系统,手动控制也只需单击鼠标的微小动作,前后不过几秒,完全替代了人工操作的烦琐,而且能非常便捷地为农业各个领域研究等方面提供强大的科学数据理论支持,其作用在当今的高度自动化、智能化的社会中是不言而喻的。

3.1.3　商业机会

指导：《乡村振兴战略规划（2018—2022 年）》指出："以科技创新引领和支撑乡村振兴，以人才汇聚推动和保障乡村振兴，增强农业农村自我发展动力。"《"十三五"全国农业农村信息化发展规划》中首先提出"生产信息化迈出坚实步伐。物联网、大数据、空间信息、移动互联网等信息技术在农业生产的在线监测、精准作业、数字化管理等方面得到不同程度应用。""在设施农业上，温室环境自动监测与控制、水肥药智能管理等加快推广应用。"

经济：温室大棚设施农业是高投入、高产出、高效益的产业，只有形成相当的规模，才有利于规范化、标准化的生产，才可能形成有影响力的品牌，从而占领市场，使资源优势得到有效的开发与持续利用，同时带来巨大的经济效益。因此，各级政府均在搞好规划的基础上，制定优惠政策，加大投入，扶持和培育规模化的温室大棚农业基地，加快设施农业、企业的发展，推进温室大棚设施农业的产业化。温室大棚规模化可降低建设成本。如果同型号温室大棚比较，大型连片温室大棚的单位建设成本更低，如 2 km^2 的温室建设比 0.3 km^2 温室平均每平方米节约 20% 的成本。

社会：从长远发展看，我国温室市场发展潜力巨大，智能温室大棚用户也趋于理智和成熟，普遍要求温室趋于布局合理化和对当地气候条件适应性的科学化以及温室应用技术的普及化。我国温室企业也开始拓展国际市场，国外温室企业也力图抢占我国市场，温室市场向国际化发展，我国现代温室制造业正在向专业化、社会化、市场国际化的方向发展。因此，我国现代温室将持续快速发展，前景十分广阔。

技术：从温室因素控制方面来看，我国的温室控制系统大多还停留在单因子控制阶段。从控制技术角度，MIMO 多入多出一直都是一个难题，多变量之间的耦合关系更是难以解决。自 20 世纪末，航天领域的先进控制技术开始与传统工业结合，时至今日取得了不错的效果，航空领域数学模型清晰而工业数学模型难以确认，经过多年的磨合，已经发明了如模糊 PID 等策略。今天，农业控制与工业控制十分相似，也是不确定数学模型，所以在进行农业控制的智能化、精确化时并非有难以逾越的鸿沟，只是需要把成熟的工业先进控制技术稍微改进就可以了。

3.2　温室控制产品开发

经过神农公司科研团队的不懈努力和完善，研发生产的现代农业温室大棚智能控制系统在技术方面已足够成熟，通过现场测试使用，安全可靠，用户普遍反映良好。

团队开发三项产品：

一是"小精灵"温室大棚智能控制系统，实现为数众多手动大棚的智能化改造，以求低成本抢占市场，实现公司影响力的最大化。

二是"大智慧"温室大棚智能控制系统，基于工控机开发的智能控制系统是神农公司的重要产品，高品质、高利润。

三是"千里眼"温室大棚智能控制系统，一方面可以作为成熟的无线传输智能控制系统，另一方面也可以对现有 PLC 控制产品升级改造。总体而言，无线传输可以降低布线工作量以及成本，但其信号的可靠性无法比肩屏蔽线传导。

3.2.1 "小精灵"温室大棚控制系统

如图 3-8 所示，"小精灵"控制器采用 MSP430 单片机。

（1）能够实现温室大棚最重要因子温度和湿度单变量控制，能够实现自动化，减少人力投入。

（2）拥有温湿度数值显示，以及执行器运行状态指示灯。

（3）拥有蜂鸣器报警，提示温湿度超标，保证可靠运行。

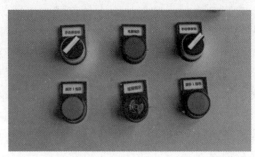

图 3-8 "小精灵"控制器

3.2.2 "大智慧"温室大棚智能控制系统

图 3-9 所示为"大智慧"监控画面，图 3-10 所示为"大智慧"趋势画面，以 PLC 为控制核心，能实现以下四个功能：信息采集、数据记录、控制、报警联锁等。

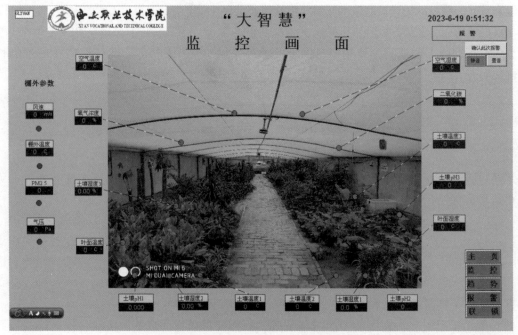

图 3-9 "大智慧"监控画面

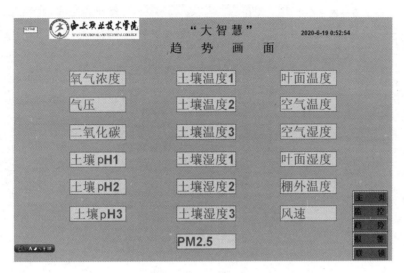

图 3-10　"大智慧"趋势画面

1. 信息采集

主要是前端的传感器、采集仪等硬件设备，通过后端的蔬菜生长环境信息监测管理系统软件，实现农业环境信息的在线管理与控制。在监测点安装环境温、湿度等传感器或室外气象站，监测该区域内的环境信息，包括空气温度、空气湿度等参数，将该信息展现给管理人员。同时数据传输至监控中心管理系统，为作物生长管理提供精准监测和科学依据。

趋势报警设计

其主要功能包括环境监测以及空气温度、空气湿度、土壤温度、土壤湿度、光照强度、二氧化碳浓度监测等。

2. 数据记录

数据查询用于查询历史一段时间内数据变化情况，可查询历史任意时间及时间段每个大棚的历史数据，并通过图表的方式直观地展现给农业管理人员、农业专家等。

联锁系统讲解

3. 数据报警

数据报警是智能农业远程监控系统的重要功能。数据报警包括越上限报警和越下限报警，需要预先将每个数据的上限值、下限值进行设定，阈值可根据农作物种类、不同的生长周期、不同的季节进行修改，当某个数据超过上限或下限值，系统立即发出报警信息。报警信息包括报警时间、报警值、限值。农业管理人员、农业专家及时进行人工调节，避免因天气变化、换季、自然灾害等原因造成温度、湿度变化给农作物带来不利的生长条件。

图 3-11 所示为"大智慧"报警画面。

4. 关键控制

根据环境参数采集系统获取的数据，以及各类作物适宜环境参数，驱动温控系统、湿控系统、光照度控制系统、通风系统、灌溉系统等构成整个自动化控制网络，如图 3-12 所示。

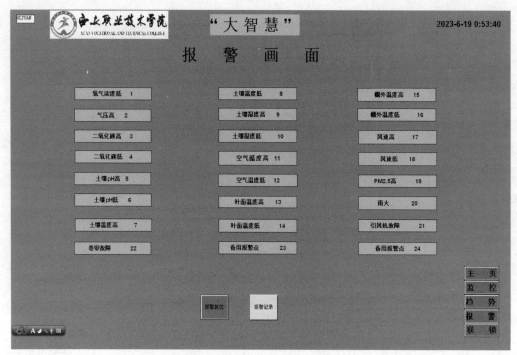

图 3-11 "大智慧"报警画面

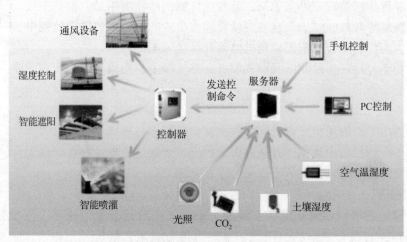

图 3-12 设备分布

温度控制：当温室大棚内温度过高时，控制器发出指令关闭加热器，之后开启通风设备；当温室大棚内温度低于设定下限值时，控制器发出指令关闭通风设备，之后开启加热器，从而保证温室大棚内的温度动态平衡。

空气/土壤湿度控制：当温室大棚内空气/土壤湿度过高时，控制器发出指令关闭喷淋灌溉设备，之后开启通风设备；当温室大棚内空气/土壤湿度过低时，控制器发出指令关闭通风设备，之后开启喷淋灌溉设备，保证空气和土壤的恒定湿度。

根据设计要求，依据模拟量输入通道数量设计 AI 点表 2 份；依据开关量输入通道数量设计 DI 点表 2 份；依据开关量输出通道数量设计 DO 点表 1 份；依据模拟量输出通道数量设计 AO 点表 1 份，如图 3-13~图 3-18 所示。

序号 NO	工位号 TAG NO	工位注释 TAG COM	信号类型 SIG. STY	测量范围 RANGE	单位 UNIT	模件 MODULE		报警设定值 ALARM SP				其他要求 MISCELLANEOUS				备注 REM
						编号 SER. NO	通道 CH.	LL	L	H	HH	输入处理 SIG. CON	趋势 TRD	累计 TOTAL	报表 REPT	
1	AI1	空气湿度	mA	piw256	MD200	AI1	1									两线制
2	AI2	叶面湿度	mA	piw258	MD204	AI1	2									两线制
3	AI3	土壤pH3	mA	piw260	MD264	AI1	3									两线制
4	AI4	土壤pH1	mA	piw262	MD268	AI1	4									两线制
5	AI5	土壤湿度1	mA	piw264	MD268	AI1	5									两线制
6	AI6	土壤湿度2	mA	piw266	MD220	AI1	6									两线制
7	备用		mA	piw268		AI1	7									两线制
8	AI7	土壤湿度3	mA	piw270	MD212	AI1	8									两线制
1	AI8	PM2.5	mA	piw272	MD276	AI2	1									两线制
2	AI9	土壤pH2	mA	piw274	MD240	AI2	2									两线制
3	AI10	氧气浓度	mA	piw276	MD244	AI2	3									两线制
4	AI11	气压	mA	piw278	MD248	AI2	4									两线制
5	AI12	二氧化碳	mA	piw280	MD280	AI2	5									两线制
6	备用		mA	piw282		AI2	6									两线制
7	备用		mA	piw284		AI2	7									两线制
8	备用		mA	piw286		AI2	8									两线制

信号类型 SIG. STY	说明 DESCRIPTION	信号类型 SIG. STY	说明 DESCRIPTION
V	1~5 V	mV	毫伏输入
mA	4~20 mA	PLS	脉冲输入
TC	热电偶		
RTD	热电阻		

版次 REV.	说明 DESCRIPTION	设计 DSGN	校核 CHKD	审核 REVD	日期 DATE
1.0	竣工资料				09.03

西安职业技术学院

项目名称 PROJECT	"大智慧"温室大棚智能控制系统
	系统I/O清单（AI）
图号 DWG NO　04P323-02-13	第 1 张　共 1 张　SHEET 1　OF 8

图 3-13　系统 I/O 清单（AI）（1）

117

序号 NO	工位号 TAG NO	工位注释 TAG COM	信号类型 SIG. STY	测量范围 RANGE	单位 UNIT	模件 MODULE 编号 SER. NO	通道 CH.	报警设定值 ALARM SP LL	L	H	HH	其他要求 MISCELLANEOUS 输入处理 SIG. CON	趋势 TRD	累计 TOTAL	报表 REPT	备注 REM
1	AII3	叶面温度	mA	piw288	MD208	AI3	1									四线制
2	AII4	空气温度	mA	piw290	MD216	AI3	2									四线制
3	AII5	棚外温度	mA	piw292	MD272	AI3	3									四线制
4		土壤温度1	mA	piw294	MD232	AI3	4									四线制
5	AII6	土壤温度2	mA	piw296	MD252	AI3	5									四线制
6	AII7	土壤温度3	mA	piw298	MD284	AI3	6									四线制
7	AII18	风速	mA	piw300	MD288	AI3	7									四线制
8	AII19		mA	piw302	MD224	AI3	8									四线制
9																
10																
11																
12																
13																
14																
15																
16																

信号类型 SIG. STY	说明 DESCRIPTION	信号类型 SIG. STY	说明 DESCRIPTION
V	1-5 V	mV	毫伏输入
mA	4-20 mA	PLS	脉冲输入
TC	热电偶		
RTD	热电阻		

西安职业技术学院

项目名称 PROJECT	"大智慧"温室大棚智能控制系统
图号 DWG NO	04P323-02-13

系统I/O清单（AI）

第 1 张 SHEET 2　共 1 张 OF 6

版次 REV.	说明 DESCRIPTION	设计 DSGN	校核 CHKD	审核 REVD	日期 DATE
1.0	竣工资料				09.03

图 3-14 系统 I/O 清单（AI）(2)

序号 N O	工位号 TAG NO	工位注释 TAG COM	信号类型 SIG. STY	接点状态 CONTACT STATUS	模件 MODULE 编号 SER. NO	模件 MODULE 通道 CH.	用途 PURPOSE 报警 ALARM	用途 PURPOSE 联锁 INTERLOCK	用途 PURPOSE 记录 REC	备注 REMARKS
1	DI1	风机启	ON/OFF	NO	DI1	1(20.0)				M1.0
2	DI2	风机停	ON/OFF	NO	DI1	2(20.1)				M1.1
3	DI3	水泵	ON/OFF	NO	DI1	3(20.2)				M8.2
4	DI4	卷帘启	ON/OFF	NO	DI1	4(20.3)				M8.3
5	DI5	卷帘停	ON/OFF	NO	DI1	5(20.4)				M8.4
6	DI6	加热1启	ON/OFF	NO	DI1	6(20.5)				M8.5
7	DI7	加热1停	ON/OFF	NO	DI1	7(20.6)				M8.6
8	DI8	加热2启	ON/OFF	NO	DI1	8(20.7)				M8.7
1	DI9	加热2停	ON/OFF	NO	DI1	1(21.0)				M1.3
2	DI10	加热3启	ON/OFF	NO	DI1	2(21.1)				M9.1
3	DI11	加热3停	ON/OFF	NO	DI1	3(21.2)				M9.2
4	DI12	加热4启	ON/OFF	NO	DI1	4(21.3)				M9.3
5	DI13	加热4停	ON/OFF	NO	DI1	5(21.4)				M9.4
6	DI14	加热5启	ON/OFF	NO	DI1	6(21.5)				M9.5
7	DI15	加热5停	ON/OFF	NO	DI1	7(21.6)				M9.6
8	DI16	加热6启	ON/OFF	NO	DI1	8(21.7)				M9.7

图例：

信号类型 SIG. STY	说明 DESCRIPTION
PB	按钮输入
ON/OFF	状态输入

接点状态 CON. STATUS	说明 DESCRIPTION
NC	常闭触点
NO	常开触点

标题栏：

西安职业技术学院

项目名称 PROJECT	"大智慧"温室大棚智能控制系统
图号 DWG NO	04P323-02-13

系统I/O清单（DI）

第 1 张　SHEET 3
共 1 张　OF 6

版次 REV.	说明 DESCRIPTION	设计 DSGN	校核 CHKD	审核 REVD	日期 DATE
1.0	竣工资料				09.03

图 3－15　系统 I/O 清单（DI）（1）

序号 NO	工位号 TAG NO	工位注释 TAG COM	信号类型 SIG.STY	接点状态 CONTACT STATUS	模件 MODULE 编号 SER.NO	通道 CH.	用途 PURPOSE 报警 ALARM	联锁 INTERLOCK	记录 REC	备注 REMARKS
1	DI17	加热6停	ON/OFF	NO	DI	1(22.0)				M10.0
2	DI18	加热7启	ON/OFF	NO	DI	2(22.1)				M10.1
3	DI19	加热7停	ON/OFF	NO	DI	3(22.2)				M3.3
4	DI20	加热8启	ON/OFF	NO	DI	4(22.3)				M4.1
5	DI21	加热8停	ON/OFF	NO	DI	5(22.4)				
6	DI22	手自动	ON/OFF	NO	DI	6(22.5)				M10.5
7					DI	7(22.6)				M10.6
8					DI	8(22.7)				
1										
2										
3										
4										
5										
6										
7										
8										

信号类型 SIG.STY	说明 DESCRIPTION	接点状态 CON.STATUS	说明 DESCRIPTION
PB	按钮输入	NC	常闭触点
ON/OFF	状态输入	NO	常开触点

项目名称 PROJECT	西安职业技术学院
	"大智慧"温室大棚智能控制系统
	系统I/O清单(DI)

		竣工资料 DESCRIPTION		第 1 张 SHEET	共 1 张 OF
1.0	竣工资料	说明 DESCRIPTION		SHEET 4	OF 6
版次 REV.	说明 DESCRIPTION				

设计 DSGN	校核 CHKD	审核 REVD	日期 DATE 09.03

图号 DWG NO 04P323-02-13

图 3-16 系统 I/O 清单(DI)(2)

序号 NO	工位号 TAG NO	工位注释 TAG COM	输出类型 OUT. STY	供电 SUPPLY	状态 STATUS	模件 MODULE 编号 SER. NO	通道 CH.	用途 PURPOSE 报警 ALM	联锁 INTERLOCK	记录 REC	故障输出 FAIL OUT	备注 REMARKS
1	DO1	风机启	有源	24 V DC	N.DE	DO1	1(24.0)					
2	DO2	水泵	有源	24 V DC	N.DE	DO1	2(24.1)					
3	DO3	卷帘停	有源	24 V DC	N.DE	DO1	3(24.2)					
4	DO4	卷帘启	有源	24 V DC	N.DE	DO1	4(24.3)					
5	DO5	加热1	有源	24 V DC	N.DE	DO1	5(24.4)					
6	DO6	加热2	有源	24 V DC	N.DE	DO1	6(24.5)					
7	DO7	加热3	有源	24 V DC	N.DE	DO1	7(24.6)					
8	DO8	加热4	无源	24 V DC	N.DE	DO1	8(24.7)					
9	DO9	加热5	无源	24 V DC	N.DE	DO2	1(28.0)					
10	DO10	加热6	无源	24 V DC	N.DE	DO2	2(28.1)					
11	DO11	加热7	无源	24 V DC	N.DE	DO2	3(28.1)					
12	DO12	加热8	无源	24 V DC	N.DE	DO2	4(28.2)					
13	DO13	报警1	无源	24 V DC	N.DE	DO2	5(28.3)					
14	DO14	报警2	无源	24 V DC	N.DE	DO2	6(28.4)					
15	DO15	报警3	有源	24 V DC	N.DE	DO2	7(28.5)					
16	DO16	报警4	有源	24 V DC	N.DE	DO2	8(28.7)					

输出类型 OUT. STY	说明 DESCRIPTION
无源	输出干接点
有源	输出继电点

状态 CON. STATUS	说明 DESCRIPTION
N.EN	常得电
N.DE	常失电

项目名称 PROJECT：西安职业技术学院 "大智慧"温室大棚智能控制系统

系统 I/O 清单 (DO)

图号 DWG NO　04P323-02-13

第 1 张　共 5 张　SHEET 1 OF 5

设计 DSGN　校核 CHKD　审核 REVD

说明 DESCRIPTION：竣工资料

版次 REV. 1.0　日期 DATE 09.03

图 3 - 17　系统 I/O 清单 (DO)

序号 NO	工位号 TAG NO	工位注释 TAG COM	信号类型 SIG.STY	测量范围 RANGE	单位 UNIT	模件 MODULE		报警设定值 ALARM SP				其他要求 MISCELLANEOUS				备注 REM
						编号 SER.NO	通道 CH.	LL	L	H	HH	输入处理 SIG.CON	趋势 TRD	累计 TOTAL	报表 REPT	
1	AO1	风机	AO	piw304	%	AO1	1									
2	AO2	卷帘	AO	piw306	%	AO1	2									
3			AO	piw308	%	AO1	3									
4			AO	piw310	%	AO1	4									
5			AO	piw312	%	AO1	5									
6			AO	piw314	%	AO1	6									
7			AO	piw316	%	AO1	7									
8			AO	piw318	%	AO1	8									
1			AO	piw320	%	AO2	1									
2			AO	piw322	%	AO2	2									
3			AO	piw324	%	AO2	3									
4			AO	piw326	%	AO2	4									
5			AO	piw328	%	AO2	5									
6			AO	piw330	%	AO2	6									
7			AO	piw332	%	AO2	7									
8			AO	piw334	%	AO2	8									

信号类型 SIG.STY	说明 DESCRIPTION	信号类型 SIG.STY	说明 DESCRIPTION
V	1~5 V	mV	毫伏输入
mA	4~20 mA	PLS	脉冲输入
TC	热电偶		
RTD	热电阻		

西安职业技术学院

项目名称 PROJECT	"大智慧"温室大棚智能控制系统
	系统I/O清单 (AO)
图号 DWG NO	04P323-02-13

第 1 张 SHEET 6　共 1 张 OF 6

版次 REV.	1.0		竣工资料		
说明 DESCRIPTION					09.03
设计 DSGN	校核 CHKD	审核 REVD		日期 DATE	

图 3-18　系统 I/O 清单 (AO)

光照强度控制：当温室大棚内光照强度过高时，控制器发出指令关闭卷帘；当温室大棚内光照强度过低时，控制器发出指令开启卷帘，使作物达到最佳的光合作用状态。

二氧化碳浓度控制：当温室大棚内二氧化碳浓度过高时，控制器发出指令关闭气体发生器；当温室大棚内二氧化碳浓度过低时，控制器发出指令开启气体发生器，使空气中二氧化碳浓度达到最佳含量。

具体包括以下：

实现自动（手动）排风。

实现自动（手动）加湿。

实现自动（手动）温度控制。

实现自动（手动）灌溉。

实现大棚、路灯等各种灯光的远程控制。

实现其他设备的控制。

3.2.3 "千里眼"温室大棚智能控制系统

该系统主要是基于 ZigBee 无线通信技术，在 PLC 为核心控制器基础上实现了远程通信与控制。图 3 – 19 所示为 ZigBee 无线结构。

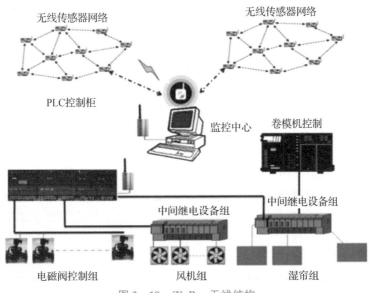

图 3 – 19 ZigBee 无线结构

3.2.4 产品特色

"小精灵"温室大棚智能控制系统，基于 MSP430 单片机的简单控制器，定值开关控制，结构简单，低功耗，能够实现大棚自动化控制，产品占地小、精致、可靠，有安全报警功能。其主要优势为低成本，不算施工、不含执行器成本，仅数百元就可以改造手动大棚。

"大智慧"温室大棚智能控制系统，基于 PLC 能对多因子环境进行控制，实现可靠、稳定、精确的温室大棚智能控制。以工控机为核心可以非常从容地满足所有控制要求，是神农公司的主打产品，高品质、高利润。尤其擅长温湿度解耦、PID 控制光照度、模糊控制二氧化碳浓度。其主要优势是准确性、快速性、稳定性超过同类产品。

"千里眼"温室大棚智能控制系统，基于 ZigBee 无线通信技术农业物联网，突出远程监控特征，适应用户连栋大棚，布线难度大大降低，采用多跳的网络拓扑，组网形式灵活、采用低功耗设计在产品待机时间和节能方面有较好的表现，控制参数要求较低，能适当降低成本。与"大智慧"温室大棚智能控制系统产品定位相仿，个性化需求不同。其主要优势是无线传输、准确性、低功耗、可实现远程实时在线监测和控制，快速性同样超过同类产品（稳定性略低于"大智慧"产品）。

3.2.5 技术创新

1. 温湿度模糊控制

大棚生态系统是一种多输入、多输出、强耦合的复杂系统。大棚中影响作物生长发育的主要环境因子包括温度、水分、光照、土壤、空气（如二氧化碳、氧气等）、生物条件等。这些环境因子都是时变量，其变化没有规律可循且难以进行预判；另外，这些环境因子变量是相互作用、相互耦合的，难以用数学模型表述，这些问题都对大棚控制带来了很大的难度。其中温湿度的变化对大棚植物生长的影响最大，且耦合程度较大。目前，大部分研究难点在温湿度的控制上。

农业温室大棚控制技术总体经历了定值开关控制、PID 控制和智能控制三个发展阶段。定值开关控制可以细化分为手动控制和自动控制，是一种不考虑大棚控制滞后性和惯性的简单控制方法，在实际控制过程中存在精度低、静态误差大、超调量大、振荡明显、耗能大等问题，从而无法达到理想的调节效果。实际上因为控制简单、设备要求低，绝大部分产品都采用了恒值系统。

采用 PID 控制是目前应用领域最广泛的控制方法，控制过程包括比例、积分、微分三个环节。一般情况下，大棚系统中 PID 控制方法相比开关控制可以取得较好的调节效果。然而，PID 控制对研究对象数学模型要求较高，使得在大棚环境控制系统中难以发挥其优势。实际上因为 PID 的参数整定对产品开发者要求较高，而设备采用单片机基本实现不了，所以用得比较少。

智能控制是指使用类似于专家思维方式建立逻辑模型，模拟人脑智力的控制方法进行控制。智能控制具有以下优点：

（1）可以不完全依赖工作人员所具有的专业知识水平。

（2）可以预测大棚环境的变化状态，提前做出预判断，从而尽可能解决大棚温度变量大滞后的问题。

（3）由于其全局统筹控制，可以解决各设备在进行调节时相互协调的问题，进而减少控制系统的超调和振荡。

（4）可以实现自适应控制功能，根据作物的生长状态、环境参数的变化状态和各调节单元的运行状态自动调节作物的生长环境，实现最优生长。智能控制的最大进步是将先进的控制算法加以应用，进而能够确保控制系统的稳定运行和控制精度，且具有良好的鲁棒性，非常适合解决大棚的环境调控问题。国内在农业大棚中采用真正意义上智能控制的产品凤毛麟角，基本都在引进产品上。

神农公司团队设计了一种模糊控制，它是一种非线性智能控制方法，不需要获得准确的研究对象模型，而是将人的知识和经验总结提炼为若干控制规律，并转化为计算机语言，从而模仿人的思维进行控制。模糊控制具有较强的知识表达能力和模糊推理能力，经过模糊逻辑推理可以实现类似人的决策过程。模糊控制在模糊规则制定时实际上就隐含了解耦思想，不同程度上削弱了温湿度等环境因子相互耦合造成的影响，因此控制效果良好。

该模糊控制系统由输入端、模糊控制器、执行机构、被控量、输出端和测量装置等部分构成，其中模糊控制器为整个系统的核心部分。模糊控制分为模糊化、建立规则、模糊推理、去模糊化 4 个过程。具体过程为被控目标的精确数值经过测量设备的收集，与系统设定值（如设定的温湿度值等）进行比较，将其偏差或偏差变化率输入模糊化模块，映射为输入论域上的模糊集合，继而转化为模糊量。模糊控制器根据模糊控制规则进行模糊推理，将模糊输入量进行推理、决策，进而得到对应的模糊输出量集合。

由模糊集合确定一个最能反映模糊推理结果的精确值，用于控制或驱动执行机构，最后执行机构作用于被控对象。按此过程进行下去，即可实现被控目标的模糊控制。

经典的模糊控制稳态精度不够细腻、控制动作不够精准，为了更好地改善模糊控制的稳态性能和控制精准度，将模糊控制与传统的 PID 控制相结合，提出了模糊 PID 控制方法（Fuzzy - PID）。模糊 PID 控制大致分为两种：

（1）兼具模糊控制和 PID 控制的双模控制方法，即在误差大时使用模糊控制，误差变化小时切换为 PID 控制。

（2）利用模糊控制对 PID 进行自适应整定，即引入模糊逻辑，对 PID 控制的 3 个系数进行实时调整和优化。这种控制方法可以提高系统的灵活性，使之具有更强的自适应性和鲁棒性，应用于温室大棚智能控制系统可以同时提升其静态性能和动态性能。使用模糊控制器，引入温度和湿度解耦参数后，监控系统的稳定性、监测精度和控制效率都得到了显著提升。在进行智能化控制之后大棚中番茄开裂率下降 20%。

2. 二氧化碳浓度前馈 - 反馈控制

二氧化碳对农作物的生长极为重要，我们发现很多农户并不重视，有一些产品虽然考虑到气肥的重要性，但在设计控制系统时采用恒值系统，即二氧化碳浓度始终不变，这是不合理的。大棚的二氧化碳消耗量随农作物不同是不同的，而且一天之中也是变化的，番茄、黄瓜、西葫芦、南瓜以 750 ~ 850 mg/L 为宜，茄子、辣椒、草莓则以 550 ~ 750 mg/L 为宜。一般光照强、气温高、肥水充足时，浓度应高些，以取蔬菜适宜浓度上限为宜。阴天或光照弱、气温低、肥水供应不足时，浓度应降低，但不宜低于蔬菜适宜浓度的下限。

我们在二氧化碳浓度控制上对二氧化碳发生器采用了前馈 - 反馈控制。利用二氧化碳传感器及二氧化碳发生器组成单闭环控制，再把光照度引入作为前馈信号，这样一方面闭环能准确实现无差控制，而前馈能够充分考虑光照度对给定值修订，最终达到不同光照有着不同二氧化碳浓度。

具体控制如下：

图 3 - 20 所示为气肥控制系统；图 3 - 21 所示为气肥控制系统框图。

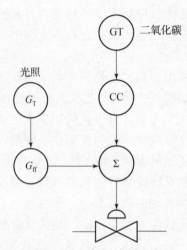

图 3 – 20　气肥控制系统

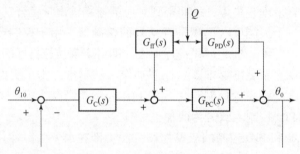

图 3 – 21　气肥控制系统框图

图 3 – 21 所示气肥控制系统的传递函数为

$$\frac{\theta_0(s)}{Q(s)} = \frac{G_{PD}(s)}{1 + G_C(s) G_{PC}(s)} + \frac{G_{ff}(s) G_{PC}(s)}{1 + G_C(s) G_{PC}(s)}$$

应用不变性原理条件，当 $Q(s) \neq 0$ 时，要求 $\theta_0(s) = 0$，代入上式，可导出前馈控制器的传递函数为 $G_{ff}(s) = -\dfrac{G_{PD}(s)}{G_{PC}(s)}$，由此可以确定光照传递函数。

前馈 – 反馈控制系统具有下列优点：

从前馈控制角度，由于增添了反馈控制，降低了对前馈控制模型的精度要求，并能对未选作前馈信号的干扰产生校正作用。

从反馈控制角度，由于前馈控制的存在，对干扰做了及时的粗调，大大减少了控制的负担。

这样的控制策略一方面圆满地完成了二氧化碳指标控制，促进了农作物生长，另一方面明显减少气肥使用量，降低农户成本。经对比，采用普通恒值控制一亩地一天的气肥成本为 2 元钱，改用前馈 – 反馈控制系统后降到 0. 8 元。

3. ZigBee 无线组网实现远程监控

无线传感器技术被认为是满足温室应用需求且代替有线连接的最好方式。神农公司团队采用最新的 ZigBee 无线技术，将传感器整合到无线传送网络中，通过在农业大棚内布置温度、湿度、光照等传感器，对棚内环境进行检测，从而对棚内的温度、湿度、光照等进行智能化控制。通过更加精细和动态监控的方式对农作物进行管理，更好地感知农作物的环境，达到"智慧"状态，提高资源利用率和生产力水平。

ZigBee 节点程序设计：CC2430 芯片的 CPU 是 8 位的 8051 微处理器，因此对 ZigBee 节点的软件开发采用 IARsystem 公司的 IAR Embedded WorkbenchV7.20H 这一开发环境，该开发环境可用于编译、调试嵌入式应用程序。神农公司团队使用 8051C/C＋＋编译器对本系统的 ZigBee 节点软件进行开发，并且基于官方提供的 ZStack 2.5.1 协议栈为基础进行开发，具有较好的可靠性和可移植性。

ZigBee 无线传感器节点软件设计：根据系统的总体设计要求，ZigBee 无线传感器节点作为数据的采集节点，负责将温室大棚内的温湿度传感器、光纤强度传感器、CO_2 传感器采集到的数据发送到 ZigBee 数据汇聚节点。以单个大棚为单位组建星形网络，各星形网络通过协调器构成树形网络，然后通过 Wi‑Fi 网关数据接入互联网，传送到各控制平台，如图 3‑22 所示。

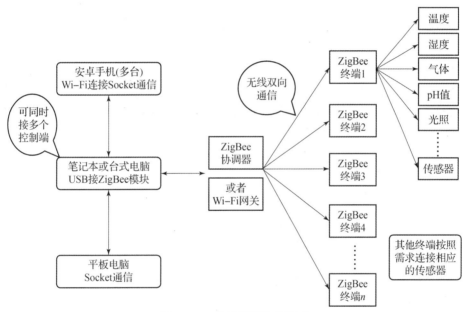

图 3‑22　物联网网络拓扑图

ZigBee 无线组网实现远程监控技术的特点：

（1）实现广范围的测量，传感器节点多。

当前温室生产的一个特点就是监控区域很大，普通单个连栋温室都有几千平方米，而一个园区温室群的面积可能会在几百亩以上，因此需要大量的传感器节点构建传感器网络，在每个温室中采集诸如空气温度、空气湿度、土壤湿度、营养液 EC 值、pH 值以及室外天气参数等信息。除此以外，目前对作物生理参数的检测也逐渐受到人们的重视，因此将会有更多的传感器节点被用于温室生产。另外，用于驱动温室中执行机构的控制节点的数量也不能忽略。由此可见，温室对其监测与控制系统的首要需求就是网络容量大。

（2）检测点位置灵活变动。

温室中大量分散的传感器，随着作物的生长需要不断调整位置；或者当温室内生产的作物更替时，相应的电子检测装置和执行机构的位置也常常需要调整；另外，温室的利用结构也会经常根据用户需要而不断改变，这就要求系统中各个节点能根据需要随意变换位置而不影响系统工作。

（3）节点数目可随意增减。

作物生长阶段不同，环境因子对作物的影响也可能不同，生长初期可能对温度比较敏感，而后期可能对光照比较敏感，这就要求系统可以随意改变节点的类型和数量。除此以外，随着作物的生长，用户可能还需要对植物的生理参数进行监测而不断增加传感器节点。在某些科研温室中，也经常需要改变传感器节点的类型和数量，以达到精确监测与控制。上述这些情况都需要所用的监控系统的节点能随意增减。

（4）低功耗和超长的待机时间。

温室中的 ZigBee 网络采用低功耗设计，设备具有较长的待机时间。CC2530 提供了多种节电模式，可以大幅提高设备的待机时间，采用电池供电，待机时间可达数年；同时还具有电池电压检测功能，在电量不足时发出警报，大大降低了设备维护成本。

（5）系统可靠性。

系统故障造成的经济损失不可估量。如果系统出现问题而未能被及时发觉和修复，那么可能对作物造成致命的伤害，尤其在一些恶劣的天气如高温和寒冷气候条件下，将直接影响产量和收益。另外，温室内湿度高、光照强、具有一定的酸性，都会导致线缆的腐蚀、老化，从而降低系统的可靠性和抗干扰性，对检查系统故障造成困难。例如，当数据无法正常接收时，检查人员不知道是线路问题还是节点故障，这对及时发现和解决故障带来不便。因此，温室测控系统必须可靠。

3.2.6　安全保障

考虑到神农公司产品的使用特性，涉及强电，有必要对产品安全性进行论述。当农户使用神农公司温室大棚智能控制系统时，公司有义务保障农作物不因控制因子不达标而遭受损失。因此神农公司在设计产品时，充分考虑安全性。

（1）"小精灵"温室大棚智能控制系统设计有温湿度报警，当传感器数值超过高低限时，控制箱上面的蜂鸣器会报警提醒农户注意。

（2）"大智慧"温室大棚智能控制系统，不仅在其电气柜上设有蜂鸣器，同时在控制室装有电铃。程序中设有安全报警功能界面，当关键数据高报或低报时桌面关键量会红色闪烁，同时主界面也会有报警闪烁提示，报警界面还会记录报警信息，只有操作员按下"复位"键系统才会停止闪烁，如图 3-23 所示。

（3）"千里眼"温室大棚智能控制系统有着与"大智慧"温室大棚智能控制系统相同的安全报警功能界面，另外还多了一项短信发送功能。

（4）"大智慧"和"千里眼"温室大棚智能控制系统在程序中设定了启动联锁界面，我们认为现代农业就是农业工业化，必须注重安全性。在启动界面为温室大棚智能控制系统设定了启动条件，只有满足基本生产条件才能启动。另外设定有联锁界面，当二氧化碳等因子严重超标会率先考虑安全性，全开风机同时警铃响起。

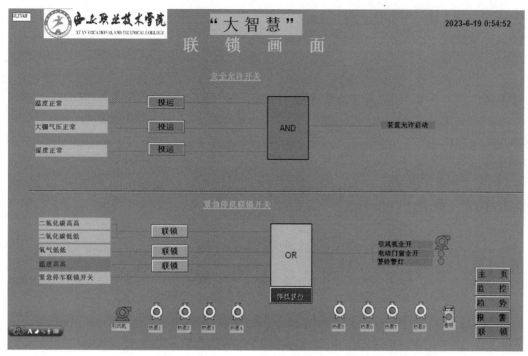

图 3 - 23 安全控制界面

（5）电气柜的安装必须考虑用电安全，一是必须安全接地，如果农户供电没有接地公司帮忙安装；二是对于"小精灵"温室大棚智能控制系统一定是安装在大棚中，大棚内高温、高湿，我们充分考虑密封性，同时选用安全等级更高的电气配件；三是对于"大智慧"和"千里眼"温室大棚智能控制系统有可能安装在大棚里或邻近大棚，一方面提高电气柜的密封性，另一方面将进气道远离大棚，保证柜内干燥。

（6）主要口碑产品"大智慧"和"千里眼"温室大棚智能控制系统都选用国内大厂设计的控制器，PLC 使用西门子品牌，其电气安全性有保障，产品的安全性自然也能得到保障。控制系统如图 3 -24 所示。

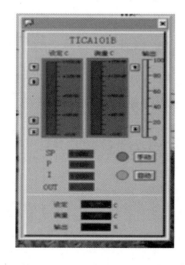
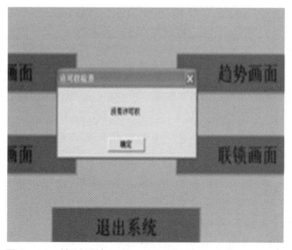

图 3 -24 控制系统

（7）温室大棚用电多是农电，可靠安全性较低，在程序上设计记忆功能，来电后不需重新设定参数。

（8）大型连栋大棚参数众多，控制更为复杂，为了避免人为故障，在操作系统中设置了权限，分别为管理员——可以完全更改程序，增加点数等；操作员——可以调节 PID 等关键参数；观察员——只能查看各农作物生长因子。

（9）神农公司有一专门技术团队，一方面对售出设备进行定期保养检修，另一方面对客户进行全方位的技术培训，包括设备的使用以及设备的日常维护等。在温室大棚智能控制系统出现突发问题时，同样能够为客户排除故障（具体请见公司服务部分）。

3.2.7 产品服务

神农公司将对客户进行档案跟踪和管理，定期询问客户情况，与客户保持良好的合作关系，同时注重对反馈信息的总结和分析。市场竞争中，以客户为中心的服务战略的实施和建立强大的销售网络具有同样重要的地位。公司制定了比较完善的售前、售中和售后服务体系，对客户进行全面的服务与管理。

1. 售前服务

核心产品"温室大棚智能控制系统"其特点在于控制的精度和稳定性，与其他同类公司产品比较从外观与硬件上不一定有绝对性差距，所以需要用户深入了解产品特性以及给用户带来的高效益。

神农公司主要通过媒体、网络、产品推销员和代理商提供产品的宣传和咨询服务，为客户提供公司产品的各种概括性信息，主要包括产品的性能、价格，以及与同类产品的比较。在产品宣传的同时减少广大客户购买时的盲目性，让客户放心购买产品。对于具有购买意向的客户，神农公司将委派技术专员到客户所在地域实地考察，区分各类情况，综合设计完善的安装改造规划方案供客户选择。具体如下：

（1）对于新建温室大棚或原先温室大棚是手动控制想要改造的，参考其种植作物的生长要求以及作物的经济价值，如果控制简单、作物经济价值低、农户经济条件差就推荐农户新建或改建"小精灵"温室大棚智能控制系统；如果控制复杂、作物经济价值高、农户经济条件好，推荐农户新建或改建"大智慧"和"千里眼"温室大棚智能控制系统。

（2）对于原先是单片机简单恒值控制的大棚，根据温室大棚的面积、种植作物生长控制难易程度，推荐农户"大智慧"和"千里眼"温室大棚智能控制系统，这两个产品价格差别不大，"千里眼"能稍微便宜些，但对于设备总价来说一般不敏感。如果种植作物生长因子控制要求高，农户更注重稳定性，推荐"大智慧"温室大棚智能控制系统；反之，则推荐"千里眼"温室大棚智能控制系统。

（3）对于原有 PLC 控制系统，一方面可以进行算法改进，实现精确控制，价格低廉；另一方面可以改造为"千里眼"，以满足一些用户远程监控的需要，需要更换无线传感器，调整程序，整体成本较高。

2. 售中服务

在产品销售过程中，为顾客提供神农公司产品的详细信息，以及各类产品的性能及价格的差别。耐心回答顾客提出的所有问题，解除顾客的疑惑，精心为顾客挑选最适合的产品并进行安装调试服务。其中安装调试服务是售中服务的重点。客户购买公司产品后，公司将派专业人员对产品进行全方位的安装调试。对于神农公司而言，控制设备的安装与大棚设施的连接等工作具有一定的专业性，会有专人负责将这些产品安装到位，并经过试验，确保设备正常运作。

对于改造项目，如果是手动改"小精灵"5 套以上，则免费拆除原传感器及电气等设备，对于"大智慧"和"千里眼"2 套以上免费拆旧。

不管是哪一种情况，在施工时神农公司都会严格按照电气施工标准进行，保证在承诺工期内完成施工、调试。

3. 售后服务

神农公司售后服务包括产品的保养检修以及对客户的培训。

凡购买神农公司产品的顾客，在产品保修期内（三年），对于在保修范围内的故障，神农公司承诺免费维修。值得一提的是，神农公司产品的控制系统、传感器等具有更优越的性能，因此产品故障率大大低于当前市场上能够见到的自动化设备，并不会出现因设备频繁故障导致无法正常使用的现象。

在客户培训方面，神农公司将免费负责对相关负责人员进行设备使用、日常维护、常见故障排除等技能的培训，最大限度地延长设备使用寿命，减少因人为使用因素造成的设备损坏及寿命缩短。因公司产品自动化程度高，安全性能优良，一般用户只需经过简单培训即可正确操作。

4. 改造方案

（1）对于"小精灵"温室大棚智能控制系统用户，当用户提出改造传感器以及更换配电器时，可以在前三年免费改造、安装一次。

（2）对于"大智慧"和"千里眼"温室大棚智能控制系统，在三年内且原控制器备用点充足的情况下可以免费一次给农户增加传感器、执行器点数，并按农户要求重新组态上位画面。

（3）对于"千里眼"温室大棚智能控制系统用户还额外终身享受免费的移动端软件升级服务。

3.3　商业规划

在制定商业竞争策略之前，进行市场分析是至关重要的。市场分析可以帮助企业了解市场需求、竞争态势以及行业趋势，从而为后续的策略制定提供依据。

3.3.1　市场分析

市场需求分析：通过对目标市场的需求进行调研，了解消费者的需求、偏好以及消费习惯。同时，还需分析市场的容量和增长潜力，为企业决策提供依据。

竞争态势分析：对竞争对手的产品、价格、渠道、促销等方面进行分析，了解竞争对手的优势和劣势，从而制定相应的竞争策略。

行业趋势分析：关注行业的发展动态和未来趋势，以便及时调整企业战略，抓住市场机遇。

3.3.2 产品定位

在市场分析的基础上，企业需要明确产品的定位，以满足目标市场的需求。

产品特点：根据市场需求和竞争态势，确定产品的核心特点，以满足消费者的需求。

目标客户：明确产品的目标客户群体，以便进行精准的市场推广。

产品定位策略：根据产品特点和目标客户，制定相应的产品定位策略，树立产品在市场中的形象。

3.3.3 营销策略

营销策略是企业实现产品销售的关键，主要包括以下几个方面。

价格策略：根据产品定位和市场需求，制定合理的价格策略，以吸引消费者并保持竞争优势。

渠道策略：选择合适的销售渠道，如线上渠道、线下渠道等，以提高产品的覆盖面和可获得性。

促销策略：制定有针对性的促销活动，如优惠券、折扣、赠品等，以吸引消费者并促进销售。

品牌建设策略：加强品牌宣传和推广，提高品牌知名度和美誉度，以增加消费者对产品的信任和忠诚度。

3.3.4 组织管理

良好的组织管理是商业竞争成功的保障，根据企业规模和发展需求，优化组织结构，提高组织效率和执行力。

3.4 营销战略

制定营销战略需要从以下几个方面入手。

市场调研：深入了解目标客户的需求、消费习惯和行为模式，以及竞争对手的营销策略和优劣势。这些信息可以通过市场调研、竞争对手分析和用户研究等方式获取。

明确营销目标：制定明确的营销目标，包括销售额、市场份额、品牌知名度等。这些目标应该具有可衡量性、可达成性和相关性。

定位和差异化：根据市场调研和目标，明确自身产品的定位和差异化，强调产品特点和优势，形成与众不同的品牌形象和认知度。

营销组合策略：制定适合的营销组合策略，包括产品策略、价格策略、渠道策略、促销策略等。这些策略应该与目标客户和营销目标相匹配，并不断创新和调整，以提高市场效果。

营销执行和监控：建立有效的营销执行和监控体系，确保营销计划的顺利实施，并及时调整和优化营销策略。同时，加强团队建设和培训，提高执行力。

持续创新和学习：关注市场变化和趋势，持续创新和学习，不断改进和优化营销战略，以适应市场的变化和竞争的压力。

制定成功的营销战略需要综合考虑多个因素，并不断地调整和优化。同时，需要有一支具有专业知识和经验的团队来支持和执行营销战略。

3.4.1 竞争分析

1. 现有竞争者

神农公司的产品重点关注农业现代化，完全契合国家、省市农业发展的重点、要点。

目前市场上同类农业科技公司较多，但是做大、做强的并不多。陕西省省级以上农业产业化重点龙头企业中农业科技公司共有 24 家，如表 3 - 1 所示。

表 3 - 1　竞争对手调研表

公司	地址
陕西某某农业科技有限公司	渭南市合阳县
陕西杨凌某某农业科技有限公司	杨凌示范区
陕西某某农业科技有限公司	汉中市南郑区
陕西某某农业科技有限公司	渭南市大荔县
陕西某某农业科技有限公司	汉中市勉县
陕西某某农业科技有限公司	汉中市南郑区
陕西某某农业科技有限公司	商洛市山阳县
陕西某某农业科技有限公司	咸阳市武功县
陕西某某农业科技有限公司	安康市镇坪县
西安某某农业科技有限公司	西安市周至县
神木市某某畜牧农业科技有限公司	榆林市神木市
澄城县某某农业科技有限公司	渭南市澄城县
榆林市榆阳区某某农业科技有限公司	榆林市榆阳区
榆林市榆阳区某某农业科技有限公司	榆林市榆阳区

续表

公司	地址
杨凌秦巴山某某农业科技有限公司	杨凌示范区
宝鸡某某农业科技有限公司	宝鸡市眉县
安康某某农业科技有限公司	安康市汉滨区
安康市某某农业科技有限公司	安康市汉阴县
商南县某某农业科技有限公司	商洛市商南县
咸阳某某农业科技有限公司	咸阳市长武县
三原某某农业科技有限公司	咸阳市三原县
陕西某某农业科技有限公司	渭南市合阳县
陕西某某农业科技有限公司	杨凌示范区
陕西某某农业科技有限公司	汉中市南郑区

这些龙头企业比较集中在榆林、安康、汉中，西安只有一家，即周至县的西安某某农业科技有限公司。相比较而言，位于西安软件园的神农农业科技有限公司的生存环境较为宽松。

已有的农业科技大型龙头企业虽然技术、资金雄厚，但其公司涉猎的范围较广，温室大棚智能控制往往既不是发展重点也不是其盈利重点，对于刚刚起步的小型公司压力并不大。

神农公司调研了市场上15家小型农业科技公司，发现有10家把计算机软件专业作为首选，有4家把通信专业作为首选，只有1家把自动化专业作为首选。从人才结构上可以看到大多公司把人机界面作为重点，这样客户的体验感更好。而神农公司则认为，在温室大棚智能控制中人机界面只是锦上添花，控制技术才是核心，农业大棚其实控制要求很高，多变量解耦是一个很大的难题，只有解决多个生产因子关联才能够称为智能控制。市场上绝大多数企业仍旧采用的是单变量控制，其控制效果是自动化但绝不是精细化和智能化。当然从外观上农户是无法看到、也无法明白，他们只能看到绚烂的显示界面，我们相信通过讲解以及实地验证，一定会获得农户青睐。

2. 供应商

神农公司的设备主要是控制器与传感器，控制器主推在中型PLC具有统治力的西门子控制器，该产品在中国市场口碑极好，纯进口价格非常清楚、明确，各销售商基本无差价。对于传感器而言，其生产制造规模西安是四强之一，生产传感器的企业众多，目前神农公司团队主要成员电子工程学院与几家传感器有用人合作关系，承诺低价供应神农公司。

3. 替代品

未来可能会出现替代产品，对公司产生威胁，但是，神农公司的"大智慧"与"千里眼"智能温室控制系统门槛较高,尤其是技术要求高,具有较高壁垒。并且神农公司也还在不断研发技术,始终走在行业的前沿,以始终领先的技术优势和成本优势来保持对潜在替代品的竞争优势。

4. 顾客

本产品的替代产品少,这就导致顾客的选择空间小,并且本产品的需求量大,这就决定了顾客对产品的总需求量较大,而讨价还价的能力较低,所以神农公司相对顾客有较大的竞争优势。

5. 潜在竞争者

随着农业现代化的发展,其他企业或个人可能也想涉足这一领域,但是由于神农公司具有技术和成本优势且已在较短时间内占领市场,形成自己的竞争优势,因此潜在竞争者的威胁并不是很大。

3.4.2 SWOT 分析

进行了上述分析之后,再进行优势(Strengths)、劣势(Weaknesses)、机遇(Opportunities)、挑战(Threats)分析。SWOT 分析如图 3 - 25 所示。

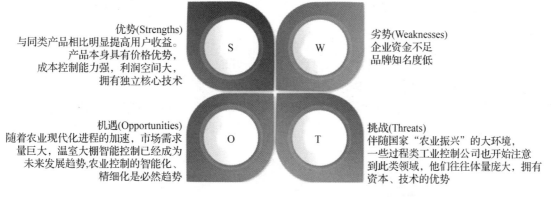

优势(Strengths)
与同类产品相比明显提高用户收益。
产品本身具有价格优势,
成本控制能力强,利润空间大,
拥有独立核心技术

劣势(Weaknesses)
企业资金不足
品牌知名度低

机遇(Opportunities)
随着农业现代化进程的加速,市场需求量巨大,温室大棚智能控制已经成为未来发展趋势,农业控制的智能化、精细化是必然趋势

挑战(Threats)
伴随国家"农业振兴"的大环境,一些过程类工业控制公司也开始注意到此类领域,他们往往体量庞大,拥有资本、技术的优势

图 3 - 25 SWOT 分析

3.4.3 市场发展规划

1. 初期:重"点"发展

一是学校生物工程学院(乡村振兴学院)历史悠久,在陕西尤其是西安有着较大影响力,国家开展"农业振兴"计划以来每年都有大量的职业农民工来校学习,其中有很多职业农民工与温室大棚相关,我们计划创业初期可以此为一个突破口。2019 年职业农民工 165 人中有 51 人从事温室大棚相关工作。

二是学校对口扶贫单位陇县,神农公司团队中的很多成员参与到技术扶贫项目中。例如,为蘑菇大棚维修电路等,我们获知陇县精准扶贫"借袋还菇"大力发展温室大棚菌类养殖受到各地追捧,目前每个大棚平均收益 8 000 元,预测改用"小精灵"智能温室控制系统平均收益可以达到 11 000 元以上，如果改用"大智慧"或"千里眼"智能控制系统平均收益可以达到 15 000 元以上，如图 3-26 所示。

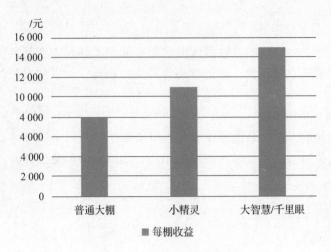

图 3-26 蘑菇收益对比图

除此之外，在初期发展阶段也要稳步开展市场拓宽：

（1）搭建自己的销售网络和营销模式，公司拟通过企业直销、代理商销售以及网络直销方式进行产品营销。

（2）利用广告、传媒、展会等方式宣传公司，使得业界认可公司。

（3）致力于研发创新性新产品，提高公司产品竞争力。

2. 中期（4~5 年）：立足本地

公司的服务区域立足于陕西省，在巩固西安周边咸阳、杨凌、渭南的基础上重点是陕北地区榆林，陕南地区汉中、安康。陕西发展区域规划图如图 3-27 所示。

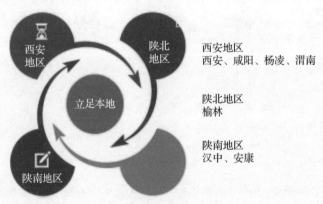

图 3-27 陕西发展区域规划图

与此同时拓展销售网络：

（1）产品不断升级，开发蔬菜、瓜果等专项功能、型号更多的产品以满足不同用户需求。

（2）完善已有的销售渠道，逐步扩展增加适宜的销售渠道。

（3）进一步宣传、维持并提升品牌形象。

3. 长期（5～10年）：南征北战

建立全国销售体系：

（1）研究销售以辽宁省为代表的北方温室大棚智能控制系统，以新疆为代表的西部大棚智能控制系统，以四川省为代表的南方大棚智能控制系统，顺应市场需求，产品多元化、创新化、高性能化。

（2）拓宽销售渠道，健全销售网络，维护电商平台。

（3）加大宣传力度，维护品牌形象；初探海外市场，增加市场份额。

全国发展区域规划图如图3-28所示。

图3-28　全国发展区域规划图

3.5　营销战略

公司根据4P原则来制订市场营销计划，即制定产品（Production）、价格（Price）、渠道（Place）、促销（Promotion）策略，同时随着时间的推移还加入了公共关系（Public relation）营销策略。

3.5.1　产品

1. 产品

根据市场需求，公司设计了三种不同类型的温室大棚智能控制系统："小精灵""大智慧""千里眼"。由于每个大棚所处地理位置不同、面积大小不同、种植作物不同，导致传感器数量不同、控制策略不同，我们将针对客户的实际情况制定合适的设计方案，并选择最恰当的产品。

2. 包装

神农公司设计的智能控制系统上位机界面美观大方，下位电气柜按国标生产干净整洁，传感器完全按标准工艺施工。

3. 服务

神农公司将对客户进行档案跟踪和管理，定期询问客户产品运行情况，与客户保持良好的合作关系，同时注重对反馈信息的总结和分析。市场竞争中，以客户为中心的服务战略的实施和建立强大的销售网络具有同样重要的地位。公司制定了比较完善的售前、售中和售后服务体系，对客户进行全面的服务与管理。

（1）售前服务：采用宣传、交流等手段，通过营销部和公关部的协作努力，为客户提供详细的产品咨询，使现实和潜在的用户对我们的产品特性和使用的范围等有深入的了解。

（2）售中服务：实地考察，为客户设计具体的安装改造方案，帮助购买神农公司产品的客户将控制系统安装到位，并进行安全调试，确保温室大棚智能控制系统正常运行。

（3）售后服务：主要包括产品的保养检修以及对客户的培训两个方面。并建立信息交流反馈渠道，做好产品的质量、服务反馈信息的处理，根据客户的需求不断地改进产品。

售后服务是神农公司的重点之一，涵盖完善的售后服务体系；专业的维修队伍；迅速的响应机制以及优质贴心的服务过程，具体的售后服务体系如下：

①售后服务体系：西安软件园设有售后服务中心和备品备件中心库，榆林、汉中等城市均设有售后服务站，售后服务网络基本覆盖全国大部分区域用户。公司的产品销售到哪里，售后服务网络就随之延伸到哪里。

②在线服务：公司在线服务中心服务热线为 029 - 00000000，全天 24 小时应召服务，以保证客户、售后服务中心、维修人员和在用设备之间的信息渠道畅通高效。

③售后服务保障：经过技术和服务意识全面培训的专业维修队伍；全天 24 小时全年无休的快速反应机制；保养 - 维修 - 技术支持层层递进的服务体系；备品配件中心配件充足且质量可靠，各售后服务站均有储备；规范的设备保养程序、标准和 ISO 9001—2008 质量管理体系过程控制能力。

④维修计划系统：设备竣工进入质保期或用户签订合同后，售后服务中心立即建立设备档案，三年之内的维修保养计划包括车库定期检查计划、日常保养计划、配件储备计划。维修人员将每季度严格按时、按计划、按标准对用户设备进行预防保养维护；对故障快速反应，保证用户所使用的设备处于安全运行状态。

⑤售后服务监控系统：经过用户确认的维修保养记录；监督检查跟踪反馈；故障统计分析及反馈；用户回访反馈；识别问题类型持续改进服务质量。

4. 品牌战略

良好的品牌是公司长远发展的软实力。初期，神农公司拟在西安和宝鸡陇县市场打开缺口，赢得自己的一席之地，然后快速发展致力于推动国内温室大棚智能控制技术，在国内、国际市场中稳健、快速地腾飞，最终成为知名的民族品牌。因此神农公司将充分重视品牌的建立与维持。初期，公司品牌策略最主要的是品牌的定位，中长期注重品牌的传播与维护。

品牌定位策略：神农公司主要从事温室大棚智能控制系统的研发、经营、销售等。公司主要采用"迎头定位"策略与"领先品牌"策略相结合的方式。品牌定位为"高品质、高性能、高满意度"。高品质为售前售后提供全方位咨询、个性化定制、安装、维护等服务，并保证产品质量，提升产品性价比，提高公司品牌形象，为顾客提供高品质服务；高性能为公司产品将不断创新完善，弥补现有产品不足，为顾客提供功能更全面、使用更方便的高性能产品；高满意度为通过产品开发策略和营销策略使顾客获得更高满意度。神农公司将严格按照品牌定位策略经营，以获取较高行业地位和市场影响力，实现公司战略目标。

品牌建立策略：在品牌定位的基础上，公司品牌的建立与宣传主要通过以下途径。

（1）专业媒体宣传。通过专业媒体，如新闻、广播等，对本公司温室大棚智能控制系统设备研发成果、新产品进行报道，在社会上广泛树立公司良好的形象。

（2）公益广告、公益活动。随着我国农业现代化进程的加速，农业大棚数量持续增长，很多农户本身就有很强的自动化控制需求。通过公益广告的拍摄，呼吁社会关注农业现代化，也是宣传本公司品牌形象的途径之一。

（3）展会、学术会议。通过举办展会和学术会议，适时发布公司设备研发的新成果，在业界进行宣传和交流。

（4）广告投放。通过电视台、广播、互联网等各大媒体广告宣传公司品牌，广告中可适当聘请与公司产品形象气质相符的科技人才作为代言人，迅速提高品牌知名度。

（5）赞助知名比赛、综艺节目。在 CCTV7 可以投放广告，可赞助一些类似综艺节目，也可与各大高校社团合作，共同举办活动，增加知名度。

（6）采用"主副品牌"。以涵盖企业全部产品或若干产品的品牌"神农"作为主品牌，表达了农业智能控制的特点；同时，给各个产品设计不同的副品牌，用副品牌来突出不同产品的个性。例如，基于单片机简单变量控制的"小精灵"；基于 PLC 多变量控制的"大智慧"，突出无线传输的"千里眼"。

3.5.2 价格

公司的目标是温室大棚智能控制的领先品牌地位，提高市场占有率。公司价格的调整具有弹性。

第一阶段：公司在细分成本的基础之上，结合市场上竞争对手的价格并考虑公司的利润，将三款产品的平均价格定为模拟量每点 4 000，开关量每点 400。

第二阶段：公司开展了长时间的市场调研，根据竞争对手的情况、实际反映和市场需求及原材料价格变动等因素再次调整价格。

随着公司的发展，结合公司的经营目标和可持续发展的需要确定公司产品的价格。经过长时间的发展，人们可能会对温室大棚智能控制系统更加了解，也更加愿意采纳温室大棚智能控制系统，这时，随着公司品牌的形成，可能会适时提高产品价格。

3.5.3 渠道

公司前期采取直销为主、代理商代理为辅的销售策略，中后期以代理商代理为主，并增设分支机构、增加网络直销运营模式，不断拓宽销售渠道。

1. 直销

直销的形式会使产品价格更低，神农公司主营的是温室大棚智能控制系统，若采用代理销售等方式，必然会增加运费、仓储费用、损耗等。因此，在公司建立初期，要以性价比高的产品迅速占领市场，直销应是初期最好的销售方式。因此，初期对于重点的区域与市场，公司将采取销售人员与客户点对点式的直接销售方式。采用直销的方式可以准确地把握供求关系，节省中间环节的费用，建立更为长久的合作关系。

公司拟采用以下具体直销方式：

（1）专营店专门销售。为了更好地展示公司产品，初期，公司拟在西安软件园设立一个专营店，主要用于公司温室智能控制系统的展示与销售，客户可通过广告宣传或营销人员上门看产品订货。

（2）销售人员一对一推销。公司专业销售人员上门与农户及大棚施工方洽谈销售。

（3）电话直销。公司聘请兼职电话销售人员，对电话直销人员进行培训，由销售人员联系农户及大棚施工方等。聘请兼职人员可以节约人力成本。

（4）网上直销。公司将建立自己的网站并设置网上客服，进行网上直销。该方式可拓宽销售渠道，有效降低销售成本。

2. 代理销售

随着初期直销的进行，公司已有一部分客户，但若要继续扩展市场，实现市场占有率的攀升，还要进行代理销售，代理销售能够借助代理商的力量迅速扩大市场份额。公司建立了一套有吸引力的代理合作机制，吸引有实力、有丰富经验的、信誉良好的当地代理商来共同开发市场。

（1）代理商有销售底薪，即每月 2 000 元，即使卖不出产品，也可获得底薪，但前提是代理商确有代理事实。

（2）凡一次性购买两套系统提供免费加点改造系统服务一次。

3.5.4　促销策略

1. 媒体广告及学术交流等促销策略

（1）广告：公司产品以展示性宣传为主，在电视、网络等直观媒体以及公交站、各大小区等广告牌进行产品展示性宣传活动。由于公司初期主要进行手动温室大棚的改造及新建大棚，因此初期主要以乡村广告牌为主，其他宣传为辅。

具体广告投放策略如下：

开始营业后的第一阶段投入预期利润额的 4% 左右来进行广告，主要针对乡村墙面广告；第二阶段加大广告的投入，投入预期利润额的 6% 在电视、广播等受众人群较多的媒体进行宣传；第三阶段可以适当减少广告的投入，因为广告效应是有延续效果的，此阶段主要为了加深消费者印象；第四阶段维持较少的广告投入，继续保证公司的基本宣传。

（2）学术交流会：展览会、新产品推介会、订货会和技术交流会、宣传展览会。新产品推介会、订货会和技术交流会是一个各公司公平竞争的平台，公司将参加行业内的各种展览会、新产品推介会、订货会和技术交流会，以实现以下目标：展示产品，提高产品知名度，树立公司形象；开发新市场，寻找新客户；了解市场动向，收集客户、竞争者信息。

2. 网站促销策略

建立公司网站，包括公司简介、产品介绍、服务承诺、营销网络、企业文化、生产研发、公司机构等内容，以便于客户查找公司信息，为客户提供网上咨询，进行网上直销，扩大企业在线上的影响力及公信力。

3. 具体销售策略

温室大棚智能控制系统必须依托温室大棚，所以在具体销售时有两种方案。

一种是直接面向农户，前期销售员要做比较多的工作，讲清楚三款产品特性。一般情况下主推"大智慧"温室智能控制系统，如果对价格整体比较敏感的农户推荐成本低廉的"小精灵"，在价格上基本不做让步。销售时重点让农户理解多因子控制与单因子的区别，因为从外观上以及一般意义指标上看不出产品的区别，要通过具体的农作物产出数据打动农户。

另一种是面向大棚的施工方。这种情况下往往是连栋大棚或面积较大。考虑布线以及对方感受主推"千里眼"，根据对方的采购量制定销售价格，一般而言模拟量在 100 点以下可以打 9 折，100 点以上可以打 8 折，总体而言 8 折是极限，否则不能保证公司利润。

3.5.5 公共关系

1. 与客户的关系营销

采用客户满意策略，通过提供满意的产品和服务，提高客户满意度；还可以通过公司高层互访、营销人员与采购人员的个人关系等，进一步提高组织之间的联系；另外，通过建立战略联盟，将公司与客户紧密联系起来，形成共同的愿景，实现双赢。具体营销方案如下：

对于新客户，即利用市场营销组合 6P 策略，进行大量的广告宣传和促销活动，吸引潜在客户来初次购买产品；并且对新客户采取适当的促销策略，如享受 8.5 折优惠；列出潜在客户的名单，每半个月与他们联系一次等。

对于原有企业的消费者及老客户，已经购买过企业的产品，使用后感到满意，没有抱怨和不满，经企业加以维护愿意连续购买产品的消费者。老客户是企业最重要的一部分财产。留住老客户还会使成本大幅降低。发展一位新客户的投入是巩固一位老客户的 5 倍。在许多情况下，即使争取到一位新客户，也要在一年后才能真正盈利，所以要保持好与老客户的关系。公司会适时派相应人员进行走访，了解他们的需求；邀请他们参加公司的文化体育活动；邀请他们参加研讨会等。

2. 与竞争者的关系营销

与竞争者建立竞合关系，如与竞争者建立技术开发联盟、合作生产营销联盟、价格联盟等方式，使市场环境相对和谐，不产生恶性竞争，共同生存、共同发展、实现共赢，具体的方案有：

（1）行业会议。可以定期举办行业会议，了解最新的行业状况。

（2）联谊会。邀请竞争对手参加联谊会，以增进相互之间的关系。

（3）联合活动。有时企业之间需要采取一些短暂的联合行动，比如联合技术攻关、联合推出新产品等。

3. 与公司内部员工的关系营销

通过为员工提供培训机会、提高奖金额度和对员工充分信任等人本管理的做法维系员工忠诚；及时向员工传达公司的方针、政策、计划和措施，让员工充分感知企业；另外，公司对员工的失误会适当理解并对其宽容，而不对其进行严厉处罚。

（1）学习交流。利用内部刊物、宣传册等方式共筑企业文化，共同进步。

（2）增进情感。举办适宜的各类比赛活动等，提升企业凝聚力。

（3）开展培训。定期对员工进行培训，不断提升员工综合素养。

4. 与社会的关系营销

积极投身社会活动，提升公司社会责任感，提升公司的形象和社会影响力，具体措施如下：

（1）参加公益活动。组织各类公益活动，积极履行社会义务，增强社会责任感，提升公司的信誉度。

（2）接受各类媒体监督。主动接受媒体的监督，在公平、公正的基础上开展各项工作。

（3）与公关公司合作，多方位多角度挖掘企业有价值的新闻点，如温室大棚智能控制系统库的建立更适宜城市的建设与发展等。

3.6　公司管理

3.6.1　公司概况

神农农业科技有限公司是一家拟成立的集科研、销售、服务于一体的高新技术公司。公司着力发展传统温室大棚智能化改造及新建智慧大棚设计及建造项目，推出适应不同改造情况的三款智能控制设备，旨在提高作物质量和产量，提高大棚收益、节省人工成本，为新农村建设和精准扶贫工作贡献企业力量。

公司的主要业务范围为温室大棚智能监控设备的研发、销售和服务，设备生产环节外包，公司负责原材料采购及技术指导、产品验收。公司将本着服务三农、奉献社会的宗旨，在建设资源节约型、环境友好型社会的大背景大前提下，秉承"追求卓越、服务三农"的企业精神，坚持高效、务实、严谨、敬业的工作作风，致力于各种惠农设备的开发和利用，用优质的产品和服务，创建最具竞争力的农业设备研究、销售和服务企业。

3.6.2　企业文化

公司使命：引领市场，服务三农。

公司力图将新的科技成果实用化，以提高生产效率，造福农民。推出可靠的产品，并在应用的过程中将之不断完善更新。缩短科技产业化的时间周期，是公司努力的方向。

用我们的技术、经验和知识高效地为客户提供满意的产品，不断满足用户需求，持续提升产品品质，创造良好的商业和社会价值；为股东提供稳定增长的利润；为员工提供发展的平台与空间。

企业精神：追求卓越，服务三农。

公司企业文化的核心是创新。公司依靠技术创新，建立开发和研究机构，充分发挥学科技术优势。面对公司外部环境的变化和日益激烈的市场竞争，公司结合市场创新、战略创新，推进公司的全面创新，为社会提供最有价值的产品与服务。

我们将公司的发展与员工个人的价值追求结合在一起，以人为本，实现公司和员工的共同成长。采用公平竞争、任人唯贤、职适其能、人尽其才的用人观念，努力打造最有效的用人机制。同时，提倡相互支持、相互帮助的生活方式，使员工以最饱满的情绪和最高的热情面对工作，并以此为乐。

3.6.3　公司组织与劳动定员

1. 公司组织

公司组织与劳动定员企业组织形式。根据公司的特点，公司的组织结构设为矩阵型组织结构，如图 3 - 29 所示。

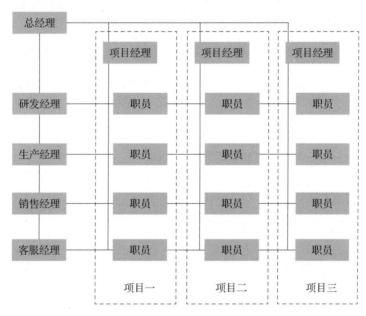

图 3 - 29　公司组织结构

矩阵型组织结构是在直线职能制垂直形态组织系统的基础上，再增加一种横向的领导系统。矩阵组织也可以称之为非长期固定性组织。矩阵组织是综合利用各种标准的一个范例。这是一种横纵两套系统交叉形成的复合结构组织。纵向是职能系统，横向是为完成某项专门任务而组成的项目系统。项目系统没有固定的工作人员，而是随着任务的进度，根据工作的需要，从各职能部门抽人参加，这些人员完成了与自己有关的工作后，仍回到原来的职能部门。矩阵型组织结构的优点是加强了横向联系，专业设备和人员得到了充分利用；具有较大的机动性；促进各种专业人员互相帮助、互相激发、相得益彰。

矩阵型组织结构很适合公司的要求。根据项目的要求，公司可以在各职能部门抽调人员组成项目经理部，该项目经理部包括项目所需的各类专业人员。当项目完成后，各类人员另派工作，此项目经理即不复存在。

职能部门分为市场部、研发部、生产部、服务部、人力资源部、财务部，如表 3 - 2 所示。

表 3-2 公司组织结构

部门名称	部门职责
市场部	负责市场调研、策划以及营销，宣传公司产品，打造公司品牌，开拓市场销售产品
研发部	负责公司新产品研发以及对现有产品的改进和升级，针对客户最新需求和行业最新技术动向，组织产品技术改造及新产品开发
生产部	密切配合市场部，负责外包产品的生产监督、质量检测以及产品配送，制订生产目标及生产计划
服务部	负责产品的咨询及售后服务，以公司产品为客户提供服务
人力资源部	负责及协调公司内部管理、人力资源管理及员工培训，落实员工考评和激励制度，营造企业文化
财务部	负责财务管理和经营核算并制订当期财务计划，依照规定和决策安排预算方案，定期向总经理递交财务报告

2. 企业工作制度

根据公司的需要，采用连续工作制。

1）工作时间

（1）公司上班时间为周一至周五的 8：30—17：30，每日中午 12：00—13：00 为午餐和休息时间。

（2）凡属国家规定的节假日和公休日，均按有关规定执行。

（3）午休时间办公室须安排人员轮流值班。

2）考勤制度

（1）各部门要指定专人负责考勤，并将考核结果交至办公室备案。

（2）考勤员负责逐日如实记录本部门员工的出、缺勤，并于月底将考勤表（各种假条附后）交由部门经理审核签字后于每月 2 日前报办公室，员工工资按实际出勤天数发放。

（3）考勤记录是公司对员工考核及工资发放的重要依据，任何人不得弄虚作假，办公室有权对各个部门考勤情况进行检查、核对。

（4）员工要严格遵守劳动制度，不得无故迟到、早退、缺勤。

（5）员工要严格遵守劳动纪律，在工作时间不得做与工作无关的事，不得随意串岗、聊天等，如有违反，即作违纪处理。

3）请销假制度

（1）员工请事假、病假及其他各类假，都必须事先请假，事后销假。具体要求按《关于员工各种假期的管理规定》执行。

（2）员工因公司业务需要外出工作，要由部门经理进行统一安排，部门经理外出工作，应及时通报主管领导。

4）着装、礼仪、礼节规定

（1）员工在工作时不得着运动装、牛仔装、紧身裤等休闲服装（工作服除外），保持服装整洁、举止端庄、精神饱满。

（2）员工之间应互相尊重、互相帮助，要用自身言行树立公司形象。

（3）员工在接待来电、来访时要用礼貌用语，不得在办公场所大声喧哗、吵闹或使用不文明语言。

5）环境卫生、安全保卫制度

（1）各部门应负责各自办公室的清洁卫生。所有的文件、资料、报纸要摆放整齐。桌面、地面等要时刻保持清洁，员工在每日工作结束时应将个人桌面清理干净。

（2）公司将设专人负责办公地点的安全、保卫、消防工作，定期检查，及时消除安全隐患。同时，每一位员工对公司的安全、保卫、消防中存在的问题有及时汇报、协助处理的义务。

6）各种办公设备的使用制度

（1）电脑、复印机、传真机、长途电话、车辆等均由公司指定专人负责保管、维护。

（2）公司内任何个人不得因私使用各种办公设备。若因特殊情况需要使用者，须经办公室主任同意，并填写使用单，费用自理。

（3）公司车辆由办公室统一管理调度。员工有急事因公外出用车，要填写"用车申请单"，特殊原因可乘坐出租汽车，并凭"用车申请单"和"出租车发票"报销。

7）严守公司业务机密制度

与员工签订保密协议，各级员工不得向外人泄露公司的经营策略、财务收支、经营成果、领导个人资料、员工经济收入及其他有关商业秘密和内部情况。各部门经理要经常对员工进行职业道德教育，做到不该问的不问，不该讲的不讲。如有违者，公司有权追究责任。

3.6.4　人员培训

（1）对公司新进员工进行公司业务、公司制度等方面的内部培训。

（2）公司员工定期培训，从而不断提高员工个人能力，更好地为公司服务。

（3）派往生产现场和设备制造现场，通过实习培训生产、维修和管理人员，部分生产维修人员可参加本项目施工现场的施工、设备安装、调试、运转。

（4）引进国外新型生产设备，必要时派往国外生产现场和设备供应厂实习。

（5）举办各种类型的培训班，按照生产和业务工作的具体内容，分专业、分工种进行培训。

3.6.5　企业形象识别设计

企业形象识别系统是为了使企业形象在市场环境中具有标准化特征，利于在公众传播中塑造良好形象，并增强信任效果、缓和效果和竞争效果。

企业使命：引领市场，服务三农。

经营理念：高品质、高性能、高满意度。

行为规范：为建设美好新农村而拼搏。

企业全名：神农农业科技有限公司。

标语口号：农业智能化的先行者。

3.6.6 公司选址

除了战略定位、团队研发和市场运营等企业运营层面的因素之外，企业选址往往亦是关乎成败的重要一环。企业选址，是关乎企业未来发展的一件大事，是一项具有挑战性的决策。办公地点是一个公司的重要条件，办公楼不仅是员工的工作空间，也影响着公司的对外形象。

由于公司的科研部门依托于西安职业技术学院智能研究中心的先进设备和优秀指导专家，公司产品主要创新技术都在这里诞生，掌握技术就掌握着公司的核心命脉，技术的不断更新意味着公司的活力不断提升。因此，公司的选址要方便管理公司研究中心、促进研究中心不断更新技术。基于此，公司的选址离研究中心不宜过远。而西安软件园又是人才、信息和资金的密集区域，该地区高科技科研单位林立，紧邻西安职业技术学院，创新氛围浓厚。在考察了周边几个工业园区后，公司最终将目标锁定在西安环普国际科技园 – g4 座。

决定将公司设在西安环普国际科技园 – g4 座主要出于区位、创业环境、配套设施、形象、价格等角度的综合考虑。

1. 区位

西安环普国际科技园 – g4 座地处西安软件园核心区，紧邻云水公园，地理位置优越，周边科技公司林立，创新氛围浓郁，是人才、技术、信息和资金的密集区，如图 3 – 30 所示。

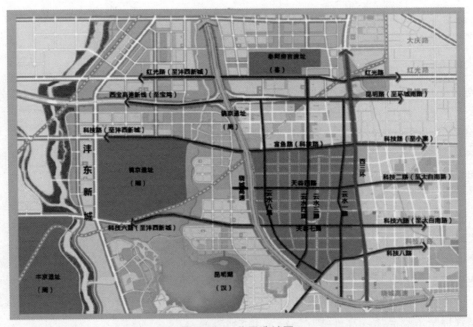

图 3 – 30　公司选址图

西安环普国际科技园－g4 座附近聚集着众多高端人才。该大厦周边有众多科技公司，各类优秀人才聚集，是创业者的天堂，这对于公司招聘高端研究型、电子、电气类人才及财务等员工提供了丰富的人力资源。且该大厦内各类高端企业聚集，对于企业相互间的交流与合作也更为容易。

西安环普国际科技园－g4 座附近交通便利，其周围共有公交线路二十余条，且距离最近的地铁站仅 1 000 m 左右，可以通过城市交通系统快速到达西安火车站、高铁站、咸阳国际机场。成熟高效的交通体系是高新企业成长的链条和引擎。方便的交通有利于公司员工上下班，与客户往来，也更有利于销售人员开拓市场。

2. 创业环境

从产业圈的形成和产业发展的角度来看，企业办公场所必须依托在良好的产业生态环境之中。只有融入大的产业圈的办公环境才能实现产业集群化和资源集约化，产业效应方可得以聚变增长。这种聚集，一方面是上下游产业的贴近聚集成"产业链"；另一方面则是相同产业的"聚集"，形成"扎堆效应"。这样就能形成产业链乃至区域的整体竞争力和打造和谐共生的现代企业生态环境。

西安环普国际科技园－g4 座所在的西安软件园作为西安高新区发展软件信息服务业和文化创意产业的专业园区，始建于 1998 年 12 月，聚集了西安 90% 以上的行业企业，成为我国四个拥有国家软件产业基地、国家软件出口基地"双基地"称号的园区之一，聚合西安高新区"双自联动"优势，聚力"追赶超越"，聚焦"自主创新"，奠定西安软件世界一流的领先地位。

创新、知名企业集中的区域能够吸引更多的人才、资本、信息等创新要素向该区域流动，在价值链分工中，占据"高端"地位，获取更高的利润回报，不但能够补偿其较高的费用成本，而且能够提升该区域的产业水平，扩大该地区经济总量，提高区域经济竞争能力，从而为公司创造一个良好的发展环境，提升竞争力。

3. 配套设施

西安环普国际科技园作为西北地区首屈一指的科技研发园区，位于西安高新区软件新城内，总建筑面积近 50 万 m²，共分三期。园区一期已于 2017 年满租，二期即将满租，三期招租中，是涵盖运动中心、会议中心、商业配套和错层研发办公楼的全功能综合办公场所。西安环普国际科技园推出的三期商业配套面积接近 2 万 m²，规划有会议中心、运动中心、餐饮配套和休闲生活配套设施，旨在携手更多知名品牌，将商业体验与品质生活无缝融合，共同为园区商务人群的美好生活加持助力。

4. 形象

办公楼形象对一个公司的形象有着决定性的作用，对公司品牌的树立有着不容小觑的力量。公司主要采取与客户一对一对接洽谈的模式，所以避免不了客户到公司商谈，而办公地点是客户对公司的第一印象，在某种程度上决定了洽谈的成功概率。

西安环普国际科技园－g4 座，亚洲最大的物流基础设施供应商和服务商——新加坡普洛斯集团新兴成员，致力于现代综合产业园的投资与发展。由普洛斯集团、苏州工业园区与国家级西安高新技术产业开发区共同投资打造，集国际化的开发管理服务、一流的园区运营经验以及强有力的政府产业支持于一体。西安环普科技产业园是陕西省西安市"十二五"重点建设项目，位于西安高新区二次创业两大核心板块之一，是西北最大的科技研发园区。55 万高端研发物业，低密度校园风格研发办公园区，提供舒适人本的工作环境及全方位的商务生活配套。

5. 价格

西安环普国际科技园 – g4 座租赁价格为每平方米 60～70 元/月，虽然较周边小型商务办公楼相比价格略高，但选取一个黄金地段、大公司聚集、创业环境好、形象好的地段，能够吸引人才、资本、信息等。占据"高端"地位，获取更高的利润回报，能够补偿其较高的费用成本，还能树立良好的企业形象，从综合商务成本来说是较低的。

3.7 融资计划

本创业团队拟通过创始股东投资和吸收风险投资方式进行融资，创始股东投资的方式又分为技术入股和资金入股，预计注册资本为 800 万元，其中提供技术的团队成员将其核心技术作价 200 万元入股，占注册资本的 25%。其余创业团队成员以自筹的 210 万现金入股，占注册资本的 26.25%。而剩余 390 万元的资本金采用吸引风险投资的方式完成，占注册资本比例为 48.75%。公司股本结构和规模如表 3 – 3 所示。

表 3 – 3　公司股本结构和规模

股本规模	创业团队		风险投资
	技术入股	资金入股	
金额/万元	200	210	390
比例/%	25	26.25	48.75

3.8 销售收入、成本费用、销售税金核算

3.8.1 销售收入

根据三种温室大棚智能控制系统的不同特点和市场需求以及本公司的生产能力，合理做出三种产品五年的销量预测，而产品价格的确定则选用一种简化方式进行计算，第一年的销售价格参考同类产品市场价格制定，以后四年的销售价格则按 10% 的比率逐年递增，如表 3 – 4 和表 3 – 5 所示。10% 的比例为暂估比例，可进行依据通货膨胀率等因素进行调整。在敏感性分析的部分有针对 10% 的比例进行敏感性分析，敏感性分析的结果表明该比例对公司的收益会产生较显著影响，故在产品销售时，应注重产品的定价策略。表 3 – 6 所示为产品销售收入预测。

表 3－4　产品销量预测　　　　　　　　　　　　　　　　　台

年份	小精灵	大智慧	千里眼	合计
1	200	200	80	480
2	240	240	100	580
3	280	280	120	680
4	320	320	140	780
5	360	360	160	880

表 3－5　产品价格预测　　　　　　　　　　　　　　　　　元

年份	小精灵	大智慧	千里眼
1	30 000.00	30 000.00	30 000.00
2	33 000.00	33 000.00	33 000.00
3	36 300.00	36 300.00	36 300.00
4	39 930.00	39 930.00	39 930.00
5	43 923.00	43 923.00	43 923.00

附注：价格上涨按每年 10% 进行计算。

表 3－6　产品销售收入预测　　　　　　　　　　　　　　　元

年份	小精灵	大智慧	千里眼	合计
1	6 000 000.00	6 000 000.00	2 400 000.00	14 400 000.00
2	7 920 000.00	7 920 000.00	3 300 000.00	19 140 000.00
3	10 164 000.00	10 164 000.00	4 356 000.00	24 684 000.00
4	12 777 600.00	12 777 600.00	5 590 200.00	31 145 400.00
5	15 812 280.00	15 812 280.00	7 027 680.00	38 652 240.00

3.8.2　成本费用

表 3－7 所示为成本费用预测。

表 3－7　成本费用预测　　　　　　　　　　　　　　　　　元

序号	年份项目	1	2	3	5
1	生产成本	9 460 288	12 393 126	15 781 262	22 903 287
1.1	原材料	5 808 000	7 579 440	9 597 139	14 486 486

序号	年份项目	1	2	3	5
1.2	燃料及动力	43 188	52 186	61 183	79 178
1.3	工资及福利费	2 494 000	3 424 000	4 555 000	6 280 000
1.4	制造费用	275 100	322 500	377 940	517 622
1.4.1	折旧费	131 100	131 100	131 100	131 100
1.4.2	其他费用	144 000	191 400	246 840	386 522
1.5	外购辅助材料	840 000	1 015 000	1 190 000	154 000
2	销售费用	720 000	957 000	1 234 200	1 932 612
3	管理费用	1 620 000	1 760 000	1 900 000	2 180 000
3.1	摊销费	172 000	172 000	172 000	172 000
3.1.1	无形资产	160 000	160 000	160 000	160 000
3.1.2	递延资产	12 000	12 000	12 000	12 000
3.2	其他费用	596 000	716 000	836 000	1 076 000
3.2.1	培训费	20 000	20 000	20 000	20 000
3.2.2	维修维护费	576 000	696 000	816 000	1 056 000
3.3	外包成本	96 000	116 000	136 000	176 000
3.4	租金费用	756 000	756 000	756 000	756 000
4	总成本费用	11 800 288	15 110 126	18 915 462	27 015 899
4.1	固定成本	3 681 100	4 895 500	6 359 140	8 922 234
4.2	可变成本	7 363 188	9 458 626	11 800 322	17 337 664
5	经营成本	11 497 188	14 807 026	18 612 362	26 712 799

附注：其他费用按年销售额的1%提取，销售费用按年销售额的5%提取。

3.8.3　销售税金

表3-8所示为销售税金预测。

表3-8　销售税金预测　　　　　　　　　　　　　　　　　　　元

项目	1	2	3	4	5
应交增值税	1 115 540	1 792 745.2	2 362 466.336	3 041 510.484	3 846 378.104
销售收入	14 400 000	19 140 000	24 684 000	31 145 400	38 652 240

续表

项目	1	2	3	4	5
全液压式	6 000 000	7 920 000	10 164 000	12 777 600	15 812 280
升降横移式	6 000 000	7 920 000	10 164 000	12 777 600	15 812 280
垂直升降式	2 400 000	3 300 000	4 356 000	5 590 200	7 027 680
销项税额合计	2 448 000	3 253 800	4 196 280	5 294 718	6 570 880.8
成本合计	7 838 000	8 594 440	10 787 139.2	13 254 161.86	16 026 486.45
固定资产	1 190 000				
外购辅助材料	840 000	1 015 000	1 190 000	1 365 000	1 540 000
外购原材料	5 808 000	7 579 440	9 597 139.2	11 889 161.86	14 486 486.45
进项税额合计	1 332 460	1 461 054.8	1 833 813.664	2 253 207.516	2 724 502.696
销售税金及附加	111 554	179 274.52	236 246.6336	304 151.0484	384 637.8104
城建税	78 087.8	125 492.164	165 372.6435	212 905.7339	269 246.4673
教育费附加	33 466.2	53 782.356	70 873.990 08	91 245.314 53	115 391.343 1
合计	1 227 094	1 972 019.72	2 598 712.97	3 345 661.533	4 231 015.915

附注：增值税税率按17%计算，城市建设维护费适用7%的税率，教育费附加适用3%的税率。

3.8.4 盈利分析

表3-9所示为盈利分析预测。

表3-9 盈利分析预测 元

序号	项目	年份				
		1	2	3	4	5
1	主营业务收入	14 400 000.00	19 140 000.00	24 684 000.00	31 145 400.00	38 652 240.00
2	主营业务成本	11 800 288.00	15 110 125.50	18 915 462.20	23 109 166.36	27 015 898.85
3	营业税金及附加	1 227 094.00	1 972 019.72	2 598 712.97	3 345 661.53	4 231 015.91
4	营业外收入					9 500.00
5	营业外支出					0.00
6	利润总额	1 372 618.00	2 057 854.78	3 169 824.83	4 690 572.11	7 414 825.24

序号	项目	年份				
		1	2	3	4	5
7	弥补以前年度亏损额	0.00	0.00	0.00	0.00	0.00
8	应纳税所得额	1 372 618.00	2 057 854.78	3 169 824.83	4 690 572.11	7 414 825.24
9	所得税	343 154.50	514 463.70	792 456.21	1 172 643.03	1 853 706.31
10	税后利润	1 029 463.50	1 543 391.09	2 377 368.62	3 517 929.08	5 561 118.93
11	可供分配利润	1 029 463.50	1 543 391.09	2 377 368.62	3 517 929.08	5 561 118.93
11.1	盈余公积金	102 946.35	154 339.11	237 736.86	351 792.91	556 111.89
11.2	未分配利润	926 517.15	1 389 051.98	2 139 631.76	3 166 136.17	5 005 007.04
12	累计未分配利润	926 517.15	2 315 569.13	4 455 200.89	7 621 337.06	12 626 344.10
13	利润率	7.15%	8.06%	9.63%	11.30%	14.39%

附注：利润率＝净利润/销售收入。

从表3-9可以看出，企业的利润率逐年增加，经过前三年的发展阶段之后，利润率在10%以上。

该项目的投资回收期约为3.7年，所得税前内部收益率为32.1%，所得税后内部收益率为20.6%，以15%的折现率贴现后的所得税前净现值为￥3 998 288.82元，所得税后净现值为￥1 197 750.21元，NPV均大于零，说明项目具有较好的财务盈利能力。总之，从财务评价的角度看，创业项目拥有较大的发展前景。

3.9 风险规避及退出机制

3.9.1 风险规避

1. 政策性风险及规避策略

1）风险

一是国家对产业政策做出的调整将对公司产生重大影响。

二是优惠政策对公司以后的发展产生重大影响。

2）规避策略

不断对国家宏观政策进行分析和研究，并进行合理预测，以此指导研发部门做好新技术、新产品的研发，使产品发展方向符合甚至领先于国家相关政策的指导发展方向，把握市场主动权，使产业政策变化引致的风险降至最低。不会把税收优惠政策作为创利的主要保障，而要通过科学搞研发、努力促销售来提高公司高端产品的销售收入，以科学控制产品成本作为公司创利的主要出路，所以即便公司所享受的税收优惠政策发生变化，也不会对公司的整体经营业绩产生重大影响。且随着公司逐渐发展，在初具生产规模与经营实力后，抗风险能力将得到很大提高。

2. 市场风险及规避策略

1）风险

一是原材料及辅助材料价格上涨对公司的影响。

二是国外品牌和国内潜在竞争者争夺市场份额。

三是产品市场价格下降。

2）规避策略

公司可以和有规模的原材料供应商达成稳定的长期合作协议，从而降低公司原材料价格上涨的风险。

公司将致力于以技术和管理优势降低研发成本，并将严格控制各类费用支出，努力使产品性价比提高，实现销售收入、营业利润的稳定增长，增强抵御价格波动风险的能力。

从原材料采购入库，到生产过程的各个环节，再到产品包装，做好每个环节的产品质量监督，打造公司的产品品牌。同时，打造好公司的服务品牌。坚持对客户提供及时完善的售后服务，从而提升顾客忠诚度；定期对顾客的满意度进行调查，从而降低顾客流失风险。

3. 技术风险及规避策略

1）风险

一是新产品研发失败。

二是竞争者先于公司开发出新产品。

三是产品更新换代加速而被淘汰。

2）规避策略

建立完善健全的信息搜集、处理和公司内部共享系统。利用公司的客户服务人员搜集目标客户、潜在客户的需求信息和竞争者的新产品/技术开发信息，做好信息的甄别、分类、处理和整合，并及时做到与公司研发部门的共享，降低信息不对称对新产品/技术研发的影响。

采用定量化的方法对技术风险进行定期的评估，判断各种风险发生的概率及风险数或权重，从而根据企业关于技术风险的评估而做出相应的风险规避和决策。

4. 财务风险及规避策略

1）风险

一是筹资风险；二是资金回收风险。

2）规避策略

（1）事前预防。第一，开展信用调查，确定对每一客户的信用政策。在购销业务之前，先对企业信用状况和偿债能力进行调查评估，确定客户的信用程度，决定商业信用及赊销限额，从信用期间、信用标准方面正确制定信用政策。第二，建立赊销审批制度和销售责任制度。规定销售人员、销售负责人拥有的赊销许可权，销售部门许可权以外的赊销需报请总经理批准。第三，加强合同的管理和审查。与客户商谈业务的情况应及时以书面合同、协定形式记录下来，以制约少数客户的赖账并为日后的诉讼提供法律凭据。

（2）事中监控。财务部门必须对每一信用客户建立主要情况档案表，建立经常性的对账制度；编制账龄分析表，对信用期内的欠款继续跟踪，对信用期以外的欠款及时催讨，对超过信用期较长的欠款要考虑产生坏账的可能性，及时修订对其信用政策。

（3）事后管理。根据账龄分析表，确定收账政策，对不同时期的应收账款采取不同的催收方式，进行催讨工作，防止应收账款账龄超过两年的时效；客户确实遇困难，无力偿还欠款的，要及时同对方达成清算协定，重新安排债务关系，把坏账损失降到最低限度。

5. 管理风险及规避策略

1）风险

现任管理层成员缺乏管理企业实际运行的经验。

2）规避策略

公司会根据需要，引进具有丰富管理经验的高学历管理人才，给予其适当的管理权限，参与公司管理；选派优秀员工到大型先进企业交流，支持员工的进一步深造。

公司将根据实际情况聘请公司管理、公司战略、公司财务管理、生产运作管理等方面的专家学者加入公司顾问团，为公司提供决策咨询。公司会根据在实际运行中遇到的问题，在充分听取各方面意见后，对公司组织结构、发展战略、内部控制制度、工作流程等方面适时地进行改进。

3.9.2　资本退出

1. 国内创业板上市 IPO

公开上市是风险投资退出的最佳渠道，在获得市场认可后，通过 IPO，以实现资本增值。公开上市既表明了金融市场对公司良好的经营业绩的确认，又保持了公司的独立性，同时还使公司获得了在证券市场上持续筹资的渠道。

2. 其他企业收购

企业发展到相当阶段，如果风险企业家希望能由自己控制这个企业，风险投资家也愿意见好就收，于是风险投资家将股份卖给风险企业家，实现风险资金的成功退出；通过其他企业收购，也可实现风险资本的成功退出。根据公司的预计收益率和具体经营状况，选择恰当的时机以高于公司资产 20 倍的价格卖出企业，从而确保公司资产的增长和盈利。

同时，公司也将努力经营，取得良好的业绩，保证风险资本的顺利退出，并通过各种退出方式的运用，给投资者顺利退出的信心。

3. 风险投资清算

对于投资后的企业，如果遇到经营不善、管理团队发生重大变动或受到市场和环境的重大不利影响，风险投资机构只能选择清算的方式以及时减小并停止投资损失。

公司进行清算存在三个条件：

①公司在计划经营期内的经营状况与预计目标相差较大，或发展方向背离了业务计划

及投资协议中约定的目标，风险企业家决定放弃风险企业。

②公司无法偿还到期债务，同时又无法得到新的融资。

③由于公司经营状况太差或是由于资本市场不景气，无法以合理的价格出售且风险企业家无法或不愿进行股票回购。

项目总结

1. 目前产业化进展

我们团队还没有注册企业，但是已经参与实施了西安职业技术学院智能研究中心的一些研究项目，比如智慧农业项目、小型温棚设计等，其中智慧农业项目获得乡村振兴计划的专项资金支持，在此基础上我们已经对基于单片机的"小精灵"温室大棚智能控制系统、基于工控的"大智慧"温室大棚智能控制系统实现了完整的开发实施并取得良好效果。同时，我们也对基于 ZigBee 无线通信技术的"千里眼"温室大棚智能控制系统农业物联网大棚进行了充分验证，技术成熟可靠。我们现阶段处于筹备资金注册企业。

2. 已具备的产业化条件

设备方面：团队的主体成员是电子工程学院学生，院领导全力支持，大棚智能控制的相关环节都有对应实训室资源及耗材支持，比如现代控制实训室、PLC 实训室、网络综合布线实训室、电机与电气控制实训室、网络综合布线实训室、4G 网络实训室、ZigBee 无线传感实训室，这些实训正好是智能控制系统的各个关键环节。另外，团队有生物学院学生，其所拥有的两个温室大棚正好是"小精灵"和"大智慧"温室大棚智能控制系统两款产品的展示馆。

技术方面：团队的主成员是电子工程学院电子工程技术专业学生，该专业是省市一流专业，指导老师拥有丰富的工控、农控经验。该专业的企业带头人是中国自动化集团专家级主任工程师，不仅给我们授课还经常指导、支持我们的技术研发。另外，电子工程学院是国家首批无线传感 1 ＋ X 证书试点单位，物联网企业龙头新大陆全力充实我们的技术储备。

张军：中国自动化集团专家级主任工程师。主要从事自控领域技术应用，国外机组控制技术解读与升级。发表软件著作《催化裂化主备风机的自动切换》等，完成国内乙烯装置第一套裂解气压缩机等先进控制应用。

焦安红：副教授、工程师、陕西工学院铸造工艺及设备专业工学学士；陕西师范大学教育管理专业教育硕士。1991 年在西安仪表厂，先后完成工装设计 29 套，组织参与 24 项 QC 攻关项目，20 项获得厂级二、三等奖，参与 6 项工艺攻关项目，5 项获厂级技术革新二、三等奖，曾多次获得过厂级先进个人。2016 年去美国洛杉矶商业技术学院、加拿大约克大学进行学术访问；多次领队参与全国职业技能大赛，获得二等奖 1 项，三等奖 3 项的好成绩；撰写发表论文 6 篇，核心期刊 3 篇；主持参与 8 项院级课题，3 项省级课题，1 项获陕西省 2007—2008 年度职教科研成果二等奖；出版《工程力学（项目教学）》等教材 3 本。

场地方面：目前电子工程学院已经将创新工作室划给团队使用，总院也有很多支持大学生创业的制度，只要注册成功总院还会有场地支持。当然，如果能融资成功，我们将如前所述在软件园开展神农农业科技有限公司的具体业务。

人才方面：团队来自西安职业技术学院各个分院，均有技术专长，如表 3 - 10 和表 3 - 11 所示。

表 3 - 10　技术团队成员

姓名	单位	专业	技术专长	工作
师智勇	电子工程学院	电子信息工程技术	自动化产品实践经验丰富，擅长控制理论分析、电气柜设计等	总负责，"大智慧"产品设计开发
赵松原	电子工程学院	电子信息工程技术	善用 MATLAB 温室大棚数学建模，2018 陕西《全国大学生数学建模竞赛》一等奖	负责数学建模
刘雄	电子工程学院	电子信息工程技术	擅长农业物联网技术，2018 全国《物联网应用技术》二等奖	负责布线、施工
高壮	电子工程学院	电子信息工程技术	擅长移动网络组建，2019 年陕西省技能大赛《4G 全网建设》二等奖	"千里眼"产品设计开发
杜藏藏	生物工程学院	园艺技术专业	擅长设施园艺栽植技术，2018 年陕西省技能大赛《园艺插花》二等奖	农业工艺技术支持
雷思彤	软件学院	计算机网络专业	擅长网页设计，2019 年《交互融媒体内容设计与制作》省赛三等奖	负责人机界面设计

表 3 - 11　销售团队成员

姓名	单位	专业	技术专长	工作
辛昭毅	电子工程学院	电子信息工程技术	沟通能力强，任学生会组织部部长	总负责产品推销
李良天	软件学院	计算机网络专业	擅长平面设计，承担二级学院公众号推广工作	负责产品说明书、宣传海报设计
向奕涵	软件学院	计算机网络专业	擅长网络营销，有开淘宝小店经验	负责网络推广
王豪婷	软件学院	计算机网络专业	演讲比赛二等奖	负责产品展示讲解
王宇泽	电子工程学院	电子信息工程技术	擅长会议组织、设计，任学生会宣传部副部长	负责产品会展现场设计

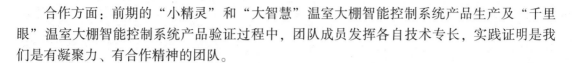

合作方面：前期的"小精灵"和"大智慧"温室大棚智能控制系统产品生产及"千里眼"温室大棚智能控制系统产品验证过程中，团队成员发挥各自技术专长，实践证明是我们是有凝聚力、有合作精神的团队。

项目评价

各组完成温室智能控制产品上下位设计实现联调联动，完成公司的成本、利润核算，总结提炼竞争规划、营销战略与公司管理，请同学及教师完成评分，如表3－12所示。

表 3－12　项目评分表

序号	评分项目	评分标准	分值	小组互评	教师评分
1	控制器应用	（1）单片机程序错误扣2分。 （2）可编程控制器程序错误扣2分。 （3）不能实现联调联动扣3分	10分		
2	温湿度模糊控制	（1）温度不达标扣2分。 （2）湿度不达标扣2分。 （3）没有创新点扣3分	10分		
3	二氧化碳浓度前馈－反馈控制	（1）前馈－反馈控制策略不合理扣2分。 （2）气肥浓度不达标扣2分。 （3）不能减少气肥使用量扣3分	10分		
4	ZigBee 无线组网	（1）组网存在错误扣3分。 （2）远程监控不流畅扣3分	10分		
5	竞争规划	（1）没有考虑自身产品优势扣2分。 （2）竞品分析不充分扣2分。 （3）竞争规划不合理扣3分	10分		
6	营销战略	（1）不够贴合产品特色扣2分。 （2）没有充分考虑在销售范围竞争对手实际情况扣2分。 （3）营销战略不合理扣3分	10分		
7	公司管理	（1）没有关联产品创新点扣3分。 （2）没有体现企业文化扣3分	10分		
8	销售收入核算表	（1）数据计算错误扣2分。 （2）因素考虑不充分扣2分。 （3）逻辑关系错误扣2分	10分		

序号	评分项目	评分标准	分值	小组互评	教师评分
9	销售税金报表	（1）数据计算错误扣2分。 （2）因素考虑不充分扣2分。 （3）逻辑关系错误扣2分	10分		
10	职业素养与安全意识	（1）工具使用不规范扣2分。 （2）报告书写不规范扣2分。 （3）团队配合不紧密扣2分	10分		
		总分			

参 考 文 献

[1] 孙余凯，吴鸣山. 传感器应用电路300例［M］. 北京：电子工业出版社，2008.
[2] 周传德. 传感器与测试技术［M］. 重庆：重庆大学出版社，2011.
[3] 李娟. 传感器与测试技术［M］. 北京：北京航空航天大学出版社，2007.
[4] 李友善. 自动控制原理［M］. 北京：国防工业出版社，2008.
[5] 涂植英. 过程控制系统［M］. 北京：机械工业出版社，2007.
[6] 王爱广. 过程控制技术［M］. 北京：化学工业出版社，2005.
[7] 严爱军. 过程控制系统［M］. 北京：北京工业大学出版社，2010.
[8] 潘永湘. 过程控制与自动化仪表［M］. 北京：机械工业出版社，2007.
[9] 王树青. 过程控制工程［M］. 北京：化学工业出版社，2008.
[10] 方康玲. 过程控制与集散系统［M］. 北京：电子工业出版社，2009.
[11] 孔凡才. 自动控制原理与系统［M］. 北京：机械工业出版社，2007.
[12] 周哲民. 过程控制自动化工程设计［M］. 北京：化学工业出版社，2010.
[13] 黄永杰. 检测与过程控制技术［M］. 北京：北京理工大学出版社，2010.
[14] 胡汉文. 电气控制与PLC应用［M］. 北京：人民邮电出版社，2009.
[15] 王永华. 现代电气控制与PLC应用技术［M］. 北京：北京航空航天大学出版社，2008.
[16] 华满香. 电气控制与PLC应用［M］. 北京：人民邮电出版社，2009.
[17] 曹翾. 电气控制技术与PLC应用［M］. 北京：高等教育出版社，2008.
[18] SIMENS公司STEP 7 - Micro/WIN软件用户使用参考手册［G］. 2004，6.
[19] 阮友德. 电气控制与PLC［M］. 北京：人民邮电出版社，2009.
[20] SIMENS公司MICROMASTER440通用型变频器使用大全［G］. 2003，12.
[21] 殷洪义. PLC原理与实践［M］. 北京：清华大学出版社，2008.
[22] 向晓汉. 电气控制与PLC技术［M］. 北京：人民邮电出版社，2009.